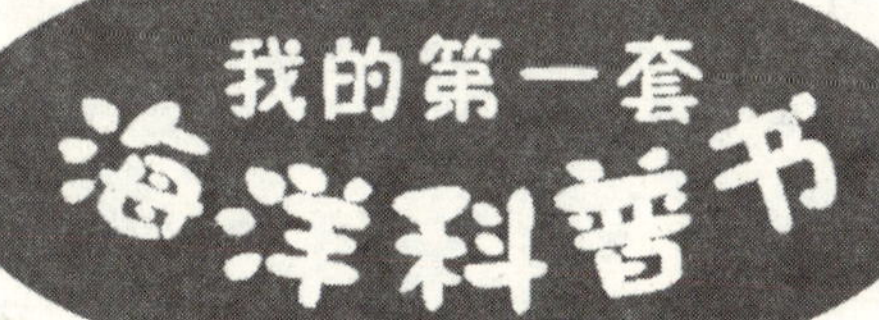

人与海洋

丛书主编　黄彩虹
本册编著　赵兴德　刘纯华

知識出版社

图书在版编目（CIP）数据

人与海洋/黄彩虹主编．—北京：知识出版社，2012.6

（我的第一套海洋科普书）

ISBN 978-7-5015-6396-8

Ⅰ．①人… Ⅱ．①黄… Ⅲ．①人类—关系—海洋—少儿读物 Ⅳ．①P7-49

中国版本图书馆CIP数据核字（2012）第116931号

责任编辑 王 绚
责任印制 张新民
封面设计 张 帆

知识出版社出版发行
地　　址 北京市西城区阜成门北大街17号
邮政编码 100037
电　　话 010-88390732
网　　址 http://www.ecph.com.cn
印 刷 厂 北京君升印刷有限公司
开　　本 1/16
印　　张 11
字　　数 120千字
印　　次 2012年6月第1版 2013年5月第2次印刷

ISBN 978-7-5015-6396-8 定价：18.00元
本书如有印装质量问题，可与出版社联系调换。

目　录

一、人身上的海洋印记

海洋与人类的关系，不仅在于海洋给予了人类“鱼盐之利”、“舟楫之便”，海洋与人类还有着源远流长、密切奇妙的关系。

当我们顺着生命演化的链条，去追溯生命的发源地时，就自然而然地找到了海洋。

海洋，生命的摇篮（图1）！

图1 海洋，生命的摇篮

海洋，孕育生命的母亲！

当宇宙空间中的星云团在重力的作用下，裂变、旋转形成地球之后，雨水把大气中的无机生成物带入了原始海洋。这些无机物的“胚胎”，在海洋的母体里经过漫长的孕育、演变，诞生了原始生命！

又经过了漫长而曲折的过程，出现了细胞，出现了原始生物，后来又出现了动物、植物的分支。海洋里的原始水生藻类发展成了可以在陆地生长的孢子植物，以后又演化到裸子植物和被子植物，直至形成了今天拥有30多万种植物的绚丽多姿的世界。

动物由单细胞到多细胞，由无脊椎到有脊椎，脊椎动物门的哺乳动物中出现了高级灵长类——猿，猿渐渐演变进化，产生了人类。

在中国山东省微山县西城山的汉墓群中，出土了一块东汉画像石，画面是鱼、猿、人三者并列。这与我们平时所说的“从鱼到猿”、“从猿到人”的进化过程竟十分吻合。这块神奇的画像石，用形象化的语言告诉我们：人猿同祖，祖先是生活在原始海洋里的古鱼类！

按照进化论的观点，一种生物进化成新的生物时，它不可避免地会保留不少旧的习性。当古鱼类从海洋爬上陆地时，其陆地特征迅速发展，但旧的水生特征仍没有消失殆尽。因此，生命演化到出现人类，尽管经历了三四十亿年漫长曲折的过程，但人类至今仍顽固地保留着海洋的某些印记。

人类的血液和海水的某些成分近似；

胎儿在母亲子宫的“海洋”里孕育；

胚胎的发育经过鳃裂、去尾等过程……

人类身上的海洋印记，萌动着人类对海洋的眷念和追忆，呼唤着人类回归海洋！

1. 海洋，生命的摇篮

人是一种特殊的生物吗？人是否与狗、鸟、蛙、鱼的起源完全不同？人在自然界居于什么位置？和较低级的动物界是否有真正的亲缘关系呢？或者人是否也和其他动物一样起源于一个相似的胚体，并经历过同样缓慢和渐进的演变过程呢？

要拉直这一个个问号，得从地球的形成说起。尽管在地球的起源问题上，科学家们一直争论不休，但按照比较流行的“星云说”来解释，地球和太阳系其他星球一样，原来是一团稀薄的气体尘埃云，在万有引力作用下，由云团缓慢地团聚而形成。中国天文学家戴文赛等提出了太阳系起源的新星云说。这个新星云说认为，在50亿年前，宇宙中有一个比太阳系大几千倍的大星云。这个大星云在万有引力和内部湍涡流的作用下，碎裂成了许多小星云，其中之一就是太阳系的前身，被称为“原始星云”。由于“原始星云”是在湍涡流中形成的，所以它一开始就不停地旋转。星云旋转时形状变扁，逐渐在赤道面上形成一个“星云盘”。组成“星云盘”的物质，在万有引力的作用下，又不断收缩和集聚，形成许多“星子”。“星子”间又不断碰撞、吞并，中心部分形成原始太阳，在原始太阳周围形成行星胎。原始太阳和行星胎进一步演化，从而形成太阳和九大行星，地球便是其中一个行星。

地球刚刚形成的时候，还是一个接近均质的球体，各种物质混杂在一起，没有地核、地壳之分，外层空间也没有形成大气圈。由于地球的自身运动，特别是由于温度的变化，逐渐破坏了均质状态，使组成地球的物质质点在重力作用下，重的下沉，轻的上浮，逐渐地使地球形成比较重的中央内核和比较轻的地球表层，并在这两者之间，形成了密度逐渐变化的过渡圈层。原始地球由于这样不断演化的结果，形成了今天的地核、地幔、地壳圈层结构。经过不断演变，在其外层空间还形成了以氮、氧为主要成分的大气圈。

童年的地球，可谓是“天地玄黄、宇宙洪荒”。整个地球没有鸟语花香，没有青草绿树，没有生命的繁衍，只有地震撼动地壳颤抖，火山喷吐炽热的岩浆，海水冒着沸腾的蒸汽，岩石隆起褶皱变形，板块漂移碰撞，强烈的紫外光无遮无挡地直射大地……

地球在生成过程中，产生了海洋。在原始地球初期的5亿年中，水量大约只是现在的10%。地下的水以蒸汽状态随地球内部的气体喷射出来，地上的水量才逐渐有所增加。在这一过程中，一方面由于地壳的不断变动，有些地方隆起为高原和山峰，有些地方则下陷成洼地和低谷。另一方面由于火山喷发排放出高温气体，而释放大量热量，使地表温度逐渐降低，当温度降到100℃

以下时，地球上的水蒸气从气态转化为液态，并在一定条件下形成了雨水。雨水降落到地面，汇集在低洼谷地，形成了湖泊、河流，并汇集成海洋。

原始大气层里含有的甲烷、乙炔等无机物，在太阳能、电能、热能等作用下，生成了一些活性分子。当这些生成物随着雨水落到海洋，原始海洋就成了生命化学演化的中心，成了孕育生命“胚胎”的母体。

落入海洋中的生成物，在物理和化学作用下，渐渐形成了氨基酸和核苷酸等有机小分子。这些有机小分子又不断进行化学演化，形成了蛋白质和核酸等大分子。

在原始海洋里，水中的盐分较少，和现在的淡水差不多，而且温度比较适合于生物大分子的存在。因此，蛋白质、核酸、多糖、类脂等生物大分子，在原始海洋中不断积累，浓度不断增加。据估计，有机物在原始海洋中的浓度约为1%以上。这些生物大分子又通过蒸发、吸附、团聚体、冰冻、微球体等作用，浓缩形成了多分子体系。

多分子体系的出现是向有生命力的细胞进化的关键性一步，多分子体系在海水和空气的作用下，形成原始的界膜。它吸收补充物质，并排出废物，有了原始的新陈代谢。这种界膜能够自我繁殖，这样就形成了最初的生命。尽管原始生命还不具备细胞的结构，但是它是生命进程的一次质变。

大约在三四十亿年以前，经过漫长的演化，原始生命内部产生了细胞膜，继而出现细胞。这种细胞还没有真正的核，核质和细胞质之间没有明显的核膜。这种细胞叫原核细胞。

距今18亿~14亿年前，地球上出现了具有真正细胞核的细胞。这种细胞叫真核细胞。

细胞的出现，是生命进化史的一个里程碑，从此，生命由化学进化转变到生物进化。

生物进化到形成细胞的阶段，就有了单细胞的原始生物，属于微生物。原始单细胞生物的动植物界限还不分明。例如眼虫藻，能够在水中游动，体内含有色素体，能进行光合作用，但有的也能摄取有机物。实际上这是一种介于植物和动物之间的原始生物。

原始单细胞生物的生存环境不断地变化，主要是当时的海洋里，由于原始生物不断增多，有机食物不断减少。为适应这种有机食物紧张的环境条件，原始生物就向两种摄食方式分化：一种是向加强运动器官和运动机能的方向发展，使它们在争夺有机食物的生存斗争中占优势；另一种是向加强光合作用的器官和机能的方向发展，使它们可以不依赖现成的有机食物就能生活。前一种原始生物，体内色素体消失，演化为动物；后一种原始生物，运动机能衰退，演变为植物。以后，它们就分道扬镳，各奔前程，继续在生命的进程中向高级阶段发展，形成了千姿百态的动物界和植物界。

原生的植物和原生的动物仍然在海洋里生活。当时原生的植物主要是藻类，如蓝藻；原生的动物，如变形虫、有孔虫、放射虫等。原生动物都是单细胞动物，进一步演化，形成了多细胞后生动物，这也是动物进化史上的一次重要飞跃。

后生动物都是没有脊椎的，因此总称无脊椎动物。

无脊椎动物进化到有脊椎动物，又经过了漫长的过程。到了无脊椎动物中的棘皮动物时，体壁组织里分化出了钙质骨骼，有的相当坚固，有的成骨片埋在皮肤里，有的外面有骨针状的刺，像海百合、海星、海参都属于这类。当进化到原索动物时，出现了原始的中轴骨骼，它不像脊椎骨那样坚硬，具有弹性，能弯曲，不分节。原索动物中的头索动物，也叫无头动物，身体像鱼，头部分化不明显，终生都有脊索，咽部壁贯穿许多鳃裂。像文昌鱼就是头索动物的代表种类。它实际上不是鱼，只是一种接近鱼形的动物。头索动物是无脊椎动物进化到脊椎动物的过渡类型，再进化就跻身到高等动物的行列了。

在迄今四五亿年前，无脊椎动物产生了脊梁骨，也就分化出了脊椎动物。这条脊梁骨由一系列环节组成，这既能保护位于其中的神经中枢，又能使身体保持一定的活动性，还能使体型得到发展。无脊椎动物一般只有外骨骼保护身体，既妨碍身体的活动，又限制其体型的发展。无脊椎动物只有许多神经细胞聚集在一起的实心的脑子，并且很小，位于身体的腹侧。脊椎动物开始有了中间有空腔的脑子，位于身体的背侧。

最早的脊椎动物都在水中生活，如同鱼的样子，但是没有上下颌，伏在水底，相当被动地摄取食物，像甲胄鱼类。以后才出现了上下颌，并出现偶鳍，分化出了有颌类。

在距今大约3.5亿年前，有一种叫做总鳍鱼的古鱼。它们有似肺的气囊可以直接呼吸空气，脊柱比较结实，内有五趾形的骨骼。总鳍鱼的头骨、体骨完全是硬骨质的，内骨骼也没有缩减，上下颌的骨骼结构和早期的陆生脊椎动物几乎一样，牙齿在上下颌的边缘上很发育，牙齿釉质有一种特殊的构造，和陆生脊椎动物中的某些种类相似。

由于造山运动的影响，地球上的水陆分布起了巨大变化，海面大大缩小，大片陆地露出海面。水陆变化又影响了气候，水量不稳定，旱涝不均。这样，就导致了海洋中的一部分动物和植物登上了陆地。总鳍鱼爬上陆地后就变成了最早的两栖动物。

最早的两栖动物叫鱼石螈。它的牙齿、头骨和肢骨都与总鳍鱼十分相似，但重要的是它们已长出五趾形附肢，头骨上吻部比例较大，具有两个枕骨髁和耳裂，脊椎上也已经长出了能使脊椎弯曲的关节突，前肢的肩带与头骨已失去了鱼类那种连接，说明头部已能活动。

动物上陆之后，它们身体中直线状的脊椎开始向上拱起成弧状，第一个脊椎节变成颈椎，两栖类开始有了一个颈部。以后又按脊椎骨椎体发育的方式不同发展为弓椎类和壳椎类两个分支。两栖类动物在水中产卵和孵化，幼体用鳃呼吸，在水中生活，经过变态才变成用肺呼吸的在水边生活的成体。两栖动物的肺和四肢是人类的肺和四肢最初的原型。它们的四肢各有三段骨骼，近躯干的是一根肱骨（前肢）和股骨（后肢）；第二段是并排的尺骨和桡骨（前肢）、胫骨和腓骨（后肢）；第三段是手、脚骨，分成五指（趾）。这种格式的骨骼构成一直延续到人。

到大约距今3亿年前，两栖动物中的一支进化成了爬行类。它们的卵属羊膜卵，能在陆地上孵化。它有一层防止胚胎干燥的羊膜，羊膜腔中充满羊水，为胎儿的发育提供了水的环境。由这种卵孵化出来的幼体可以在陆地上生活。羊膜类动物有一个重要特征，即体内受精。此外，爬行动物的脊椎已分化为明显的颈、胸、腰、骶、尾五部分，这也是有利于陆地生活的重要标志。爬行动物的代表是身体庞大笨重的恐龙。

爬行动物大约于2亿年前分化出了哺乳动物，稍后又分化出了鸟类。哺乳动物不像其他脊椎动物那样把卵产出体外孵化，而一般有子宫和胎盘，由母体直接产生幼体。哺乳动物的心脏有互不相通的心房和心室各两个。它的脑很发达，善于对外界环境作出反应。哺乳动物身上长毛，体温在正常条件下能保持恒定。动物由变温进化到恒温是一个很重要的飞跃。哺乳动物的四肢能把躯干抬离地面，不像一般爬行动物那样腹部与地面相贴。在距今大约7000万年前，哺乳动物代替爬行动物成了陆地上占优势的脊椎动物。少数哺乳动物如蝙蝠、江猪和鲸等还分别进入空中和海洋、江河中生活。

在距今大约7000万年前，哺乳动物中分化出一支叫做灵长类的动物。它们最初是像树晌似的动物，以后又分化出猴和更高级的猿。

在距今1000多万年前，从古代猿类中分化出一支类人猿，到距今大约300万年前，终于出现了能制造工具的人类。

当我们把极其漫长的生命进化过程，用简短的文字浓缩出来的时候，我们可以看到，人类既不是亚当和夏娃繁衍的，也不是女娲用泥土捏就的。生命是由化学演化到生物学演化，由单细胞到多细胞，由无脊椎到有脊椎，由低级到高级进化演变而来。在这个演化过程中，海洋充当了生命的摇篮和母体。

2. 古人类进化史上的“海猿说”

在人类进化史上，至今悬着一个谜：类人猿向人类进化过程中，是怎样、又于何时脱掉浑身那密匝匝的粗毛的？

在现存的192种猴子和猩猩中，都无一例外地毛发覆身，而与它们近亲的人类却是道地的“裸猿”。可惜，化石不能帮助人们弄清猿人表皮与毛发的进化情况。因此，人类至今无法知道自己裸化的准确时间和是怎样裸化的。

一种理论认为：脱毛是由于幼态成熟的缘故。

可有人认为，在我们这个物种身上，幼态成熟的毛发生长抑制过程并不完善。成形的胎儿一开始朝着典型的哺乳动物的毛发方向发展，胎龄6～7个月时，它的身上长满绒毛，直到出生前才褪去。早产婴儿往往带着胎毛来到人间，但他们使父母吃了一惊后很快就脱落了胎毛。因此，幼态成熟说法并没能揭示出人类脱毛的原因。

一种说法认为，猿人穴居时，常受虱子、跳蚤等寄生虫袭扰，脱毛就能少受袭扰。

可有人反驳道：其他穴居的哺乳动物也受寄生虫袭扰，为何没有脱毛？

有人提出，脱毛不是环境作用的结果，它是一种社会趋势。也就是说，它的出现，并不是作为机体变化，而是作为一种信号，即脱毛是为了互相识别。

有人不同意这种看法，他们认为，单单为了互相识别的话，仍有许多更简便的方式，不必牺牲宝贵的隔热层。

比较普遍的说法是认为脱毛是降温的手段。走出茂密的森林后，猿人面临着比以前更高的气温。因此，有人假设它是为了避免高温才褪去毛层。

但有人反驳道，首先，在地面上，没有任何其他哺乳动物褪毛。另外，肌肤裸露当然容易散热，但同时也易受日光的暴晒。

还有各种各样的解释，但都没有充分的证据。

在这众说之中，有一种学说颇使人感兴趣。有人认为，走出森林的地面猿，在成为狩猎猿之前，曾经历过长期的水上生活。它们曾去过热带海岸觅食。在那儿，它们发现了比平原地带更丰富、更诱人的食物资源。起初，它们在水坑或浅水中摸索，但渐渐游往深处，开始潜水找食。在此过程中，它们与其他回到海中的哺乳动物一样，褪去身上的毛层，只是因为头部露出水面，毛发才完好无损，以免遭日光辐射。后来，它们的工具变得有足够的威力时，它们就走出海岸摇篮，进入广阔的原野，成为狩猎猿。

这就是人类进化史上的“海猿说”。1960 年，英国人类学家爱利斯特·哈戴教授最先提出了这个轰动古人类学界的新颖学说。

哈戴教授经过对地球发展史的多年研究推断，在距今800万~400万年前，非洲东北部大片陆地受到海水侵入，浩瀚的海水迫使生活在这里的古猿不得不下海谋生，慢慢进化成海猿。海猿历经沧桑，在海水里进化出两足直立、控制呼吸等本领，为以后的直立行走、解放双手、发展语言交流等进化步骤，创造了不同于其他灵长类动物的重要条件。

哈戴指出，地球上所有灵长类动物的体表都长满浓密的毛发，皮下没有脂肪结构，而人却和水兽一样，不但皮肤裸露，而且有着厚厚的皮下脂肪。另外，人类背上汗毛走向也与其他灵长类不同，在人身上，汗毛向内向下。人类胎儿的胎毛着生位置、泪腺分泌的泪液、排出盐分的生理现象等，也明显不同于其他灵长类动物，而与水兽十分相似。

起初，人们对哈戴的观点持反对态度。但是，随着研究工作的不断深入，支持这一学说的人渐渐多起来。

法国医生米高尔·奥登曾将人类和海豚、猿猴的某些行为做了对比，认为人类与猿猴之间的不同点很多，而大部分和水有关。

猿猴厌恶水，而人的婴儿几乎一出世就能游泳，妇女在水中分娩没有痛苦，而婴儿也喜欢水，并有游泳的本能。

猿猴不会流泪，而海豚和其他海洋哺乳动物有眼泪。人类是唯一的会流眼泪的灵长类动物，这和人类过去在水中的经历有关。

和猿猴不同，人具有潜水反射意识，会吃鱼。

猿猴无皮下脂肪，和人与海豚全然不同。人的躯体绝大部分是光滑的，和海洋哺乳动物相同。人的脊柱可以弯曲，和水中运动相适应，猿猴的脊柱是不能后伸的。

海豚也像人那样，由“接生婆”海豚用“手”迎接新生儿。这和猿猴不一样。

奥登还说：“各种宗教描述的天堂都离不开水。人们也都喜欢到海边去度假……如此种种，除了人类曾经有过在水中生活的经历，还有什么其他原因能说明水对人类有这么不可抗拒的吸引力呢？”

1983 年，英国科学家戈顿和爱尔默在非洲阿玛塔等地，研究了和直立猿人化石一起出土的古代贝类，发现这些贝类都是生长在海洋深处的。他们认为，如果当时生活在这里的猿人不具备屏息潜水的本领，那么，它们是得不到这些贝类的。

澳大利亚生物学家彼立克·丹通教授，在对人类和其他哺乳动物体内盐分平衡的生理机制进行研究时发现，在这方面，人类和陆生哺乳动物不同。陆生哺乳动物对自身盐分的需求量有着精确的感觉。因此，摄入盐分也极有分寸。而人类对盐分的需求量感觉不大，摄入量往往高于身体的需求。如在一些国家，人们的盐分摄入量竟然超过人体需求量的 15 ~ 20 倍以上。人类的这一生理机能竟与水兽相似。如果人类在进化过程中不曾经历过含盐丰富的海洋环境，而始终生活在缺盐的森林草地，那么人类自然会具备与其他陆生哺乳动物相似的对食盐需求的机制。丹通教授的这一发现，无疑支持了哈戴的“海猿说”。

1974年，一支英法联合调查队在埃塞俄比亚境内发掘出一批十分重要的古人类化石，其中有一具被命名为“露茜”的南猿化石引起了科学家的注意。通过对这块化石的研究，他们发现，生活在距今300万年前的“露茜”其肩关节灵活，上臂可以向前向上伸直。传统进化论认为，这种现象是抓攀树枝的证据。而如果真是那样的话，用来抓攀的手臂就该强健有力，臂骨和指骨也应相当长。可是正相反，“露茜”的手臂细弱，臂骨和手指骨短小，下肢骨也较短小纤弱，根本不适应攀爬树木的需要。他们认为，对“露茜”骨骼结构比较合理的解释应是：生活在水里的海猿，由于水的浮力，它们的四肢无须像陆上其他灵长类那样强健有力；其脚趾细长而弯曲，则是为了适应在海底泥沙上行走的需要；其髋、膝、踝关节转动灵活，为的是在游泳潜水时掌握方向，控制速度。

另外，“露茜”的骨盆特征也与海兽的骨盆特征相似。“露茜”的骨盆粗壮结实，而且又宽又短，似乎与其细弱的下肢很不相称。他们认为，正由于这一点，才证明了由于水的浮力，海猿无须完全靠下肢来支撑其全身的重量，致使下肢没有得到充分的进化。

“海猿说”，是探索人类进化史的一个新学说，尽管目前还没有充分的证据确立这种学说的科学性，但是，这一学说，仍引起了人们的关注。这是因为，按照正统的人类进化理论，生活在距今1400万~800万年前的古猿是人类的远祖，而生活在距今400万~170万年前的南猿和生活在距今170万~20万年前的猿人则是人类的近祖。那么，这里就存在一个问题，古猿是怎样进化到南猿和猿人的？也就是说，在古猿之后，南猿之前这400万年的漫长历史长河中，人类的祖先是个什么样子？这一时期的化石资料几乎是空白。所以，“海猿说”是一个大胆的探索。相信有朝一日，人类会对此作出科学的解释。

3. 胎儿在母体的“海洋”里孕育

有人说，十月怀胎，胎儿在母体中孕育的过程，是人类进化史的缩影。

在人类诞生前的漫长岁月里，人类的祖先经历了无脊椎动物、鱼类、两栖类、爬行类和哺乳类的发展阶段，然后由哺乳动物的分支灵长类中的猿，进化到人类。

人体胚胎的发育，以极短暂的时间，再现了这个漫长的发展过程。

人的胚胎发育到大约1个月时，它的形状像鱼，四肢像鳍，颈两侧有鳃沟。

大约到2个月时，人的胚胎长出一条像两栖类和爬行类那样的尾巴，由10个左右的尾椎骨所组成。到3个月时才开始退化，剩下几个尾椎骨接合起来形成尾骨，以后被隐蔽在迅速成长起来的臀部折缝中，外表就看不到了。

到了5~6个月时，人的胚胎跟其他哺乳动物一样，除了手掌和脚掌外，浑身出现毛发。最初细而浓密，称为“胎毛”，7个月时最为发育。这些胎毛排列方式在一定程度上很像高等猿类，以后就开始脱落，逐渐被粗且稀疏的毛发所代替。胎毛绝大多数在出生前，或出生后不久就消失了。

我们知道，海洋是生命的摇篮，生命的“胚胎”是在海洋里孕育、演化的。人的胚胎的发育过程，同样也离不开“海洋”，这就是母体子宫里的羊水。人的胚胎漂浮在羊水上，犹如原始生命漂浮在海水中。胎儿从受精卵开始到离开母体前，一直是在子宫的“海洋”中游泳。这是生命源于海洋的标志。

人类的胚胎，在发育过程中，海洋留下的印记最明显的是“鳃裂”现象。鳃是鱼类在海洋中生活的重要器官。鱼类的鳃，一般生于头部两侧，外有鳃盖保护，以鳃裂与外界相通。鱼类通过鳃裂过滤水流中的空气，供自己呼吸。当总鳍鱼从海洋爬上陆地演变成两栖动物之后，鳃裂渐渐退化，到了爬行类动物时，鳃裂也就消失了。

可是，解剖学家却发现了一个有趣的现象：人的胚胎在发育1个月的时候，在颈部的两侧也长着许多鳃裂。这绝不是偶然现象，而是人类与鱼类有着亲缘关系的明证。它说明人类与鱼类一样，也是起源于水中，人类的远祖也曾经有过鳃，虽然以后逐渐退化了，但仍在人的胚胎早期，留下了鳃的痕迹。

不仅是人类，所有的脊椎动物，包括两栖类、爬行类、鸟类和哺乳类动物，也和鱼类一样，在胚胎的早期，无一例外地都在头的后部咽腔有着开向左右的鳃裂。例如，龟类有5对，鸟类和哺乳类有4对。只是鱼类和两栖类蝌蚪时期，鳃裂发育成为呼吸时水流的通路。而爬行类、鸟类、哺乳类以及人类的鳃裂，出现不久即从胚胎中消失。

在所有呼吸空气的脊椎动物胚胎中（包括人）被称为吴耳夫氏体的某些腺体同成熟鱼类的肾相当，并且像后者那样活动（见欧文《脊椎动物解剖学》）。形态学还告诉我们，人类的肺是由一种改变了的鳔构成的。

鳃裂等现象说明了什么？它说明脊椎动物同出一源。正如德国著名的生物学家恩斯特·海克尔所得出的结论：所有后生动物最初都起源于共同的祖先（见《宇宙之谜》）。鳃裂等现象还明确昭示：人类和其他哺乳动物的远祖是在海洋里生活演化的，海洋孕育了生命，鳃裂是海洋留下的印记。

4. 婴儿游泳的启示

目前有些国家出现了水中分娩。有人也许会担心：水中分娩，婴儿会不会淹死？其实，当婴儿从母体的“海洋”走进大自然的海洋时，他们似乎是那样的熟悉、自如。

请看在国外的一次水中分娩的情景：分娩刚刚结束，一个新生儿降临世间。产妇亲眼见到的头一件事是自己生下的婴儿正在凫水！他的手脚在划动，很像蛙泳。他自然而熟练地完成着大孩子以及许多成年人专门学习的游泳动作。

这个新生儿一会儿扎猛子，一会儿脸朝下游动，累了，就在水中睡觉。他平静地躺在水中，仿佛仍躺在母体的“海洋”里。呼吸时，他才定时转过头来。新生儿完成的动作，不论他的妈妈，还是医生都感到惊讶。

从历史文献中可以看到，在埃及、墨西哥、希腊都有人类在海中、湖里、河里诞生的记载。现在，产妇在水中分娩已经不是稀罕事了。美国、法国、新西兰、比利时等国都设有水中分娩试验中心。

水中分娩，对于婴儿来说，没有陌生感，也不会受到惊吓。对于母亲，整个分娩过程也是自然轻松的，毫无疼痛感和恐惧感。自从一位苏联研究人员在水中生下了第一个婴儿以后，现在每年全世界有数千人在水中顺利生产。到目前为止，还没有一个水中出生的婴儿在生产过程中受到伤害，因为在水中生产过程很快。

水中分娩，是人类向海洋的回归，婴儿离开母体在水中表现出的高超游泳技术，令人惊叹。

似乎婴儿不用人教，天生就有游泳的本领。20 世纪 70 年代，在法国蒙彼利埃市的一个游泳池边，一个只有 9 个月大的婴儿跌到游泳池里，一下子便没了顶。这个游泳池的安全员布鲁斯得知后，立即游到婴儿身边去抢救。可是，布鲁斯却看到一个奇怪的现象：婴儿没有任何惊慌和挣扎的迹象，相反却在水中自由自在地划动。当布鲁斯游近婴儿并呼出一连串的气泡时，婴儿竟嘻嘻地笑了起来。布鲁斯改变了主意，和婴儿一起在水中玩了一阵。出水以后，布鲁斯突然意识到，刚才在水中的一幕，在人类和水的关系史上可能是一个重大的事件。从此，布鲁斯便开始了婴儿游泳训练。

最有趣的是 1979 年夏天，在苏联南部的黑海之滨，一个未满月的婴儿和一个一周岁的婴儿，与两条训练有素的海豚在海水中嬉戏。婴儿与海豚时而潜入水中，时而跃出水面，或婴儿被海豚驮在背上玩耍，或一起漂浮在水上休息。这是苏联体育研究所组织的一场稀奇的海上游泳表演。这种旷古未闻的表演在 1983 年和 1985 年又进行了两次。

其实，婴儿具有游泳和潜水本能的这一现象，并非布鲁斯首先发现的。生活在菲律宾和印度尼西亚之间的苏禄海、苏拉威西海的巴佚人，早就发现了这一现象。巴佚人常年居住在小船上，一生都在海上漂荡，以捕鱼为生。在捕鱼的时候，全家男女老少都要下水。因此，巴佚人即使小孩子也都是游泳和潜水的好手。巴佚人的小孩一生下来，就被扔到海水中，如果他不会游泳，就让他淹死算了。这种习俗沿袭了千百年。每一个健康的巴佚婴儿都能经受住这种“洗礼”。他们没有被淹死，因为他们有着游泳的本能。他们终于被长辈从海水中捞出，获得生存下去的权利。

科学研究证实，新生儿不仅能在水中游动，而且会屏住呼吸进行潜游，这是因为他们早就习惯于在母亲子宫的“海洋”中潜游。所有的初生儿都能保持这种在水中屏气潜游的本能，一直到

3岁左右才完全消失。这恐怕就是一些人长大了反而不会游泳的原因吧。

专家们利用婴儿会游泳的本能，从婴儿出生5～7天便开始进行游泳训练，两三年后，便可使孩子成为出类拔萃的游泳高手。

婴儿游泳训练越来越引起人们的重视。俄罗斯、澳大利亚、挪威、日本有很多婴儿游泳学校，法国、美国、德国的婴儿运动员数以万计。德国的一个小女孩，一岁半就能在水中游22分41秒。

婴儿游泳训练，不仅有利于长大后提高游泳成绩，打破世界纪录，而且有人还企望通过婴儿游泳，改变这些孩子的呼吸功能，使海洋成为人类新的居住地。

这是人类回归海洋的企盼。

婴儿游泳，给人们留下了惊叹，留下了希望，也留下了启示：婴儿对海洋原来并不陌生，婴儿本能地会游泳、潜水，这是人类身上留下的一种海洋印记。它说明人类的远祖来自海洋，海洋是人类远祖的故乡。

5. “海洋”在人体内涌动

当生命的胚胎在海洋里孕育生长的时候，海洋的养分、海洋的灵秀，也植入了生命之中，并且遗传到了今天。人体内部与海水成分相似的血液和机体中大量的水分，构成了人体内部的“海洋”，它在人体中流动着，流动着。

原始生命在海洋中诞生、演化，生活了相当长时间后，开始逐渐向陆地迁移，到了距今4亿~3亿年前，陆地上出现了植物和动物。所有迁移到陆地的生物，都把诞生地的海水带到了自己的体内，并世世代代相传，人类也不例外。

由海登陆的总鳍鱼，也把诞生地海水中的一些物质带进体内，其中很大一部分存在血液之中。从总鳍鱼演化到爬行类、哺乳类直至出现人类，它们的血液中都遗留着海水的成分。至今，人类血液中的化学成分仍非常接近海水。为此，苏联学者杰尔普戈利茨曾作过测定，并列出了海水和人血中化学元素的对照表：

海水和人血中溶解的化学元素的相对含量（%）

元素	氯	钠	氧	钾	钙	其他
海水	55.0	30.6	5.6	1.1	1.2	6.5
人血	49.3	30.0	9.9	1.8	0.8	8.2

从表中可以看出，海水和人血中化学元素的含量比例非常接近。这绝非偶然巧合，而是海洋在人身上留下的印记。

当你不小心咬破舌头时，就会尝到人血所带有的咸味。人血的含盐度为10，比一般海水的平均含盐度（30~35）低一些，但比含盐度低的波罗的海（盐度仅为2~3）却高得多。应当看到，原始生命在海洋里刚刚诞生时，原始海洋中海水的含盐度比今天海洋中海水的平均含盐度要低得多。当鱼类进化到总鳍鱼上岸时，海水也没有现在这样咸。经过了亿万年的漫长岁月，江河不断地把陆地上的盐分带进了海洋，海水才逐渐变咸起来。因此，人血的含盐度比现在的一般海水含盐度低一些，但却更接近于当初人类远祖登陆时的海水含盐度。

当人体因某种疾病而大量失水时，医生常常为患者注射生理盐水——含0.85%氯化钠的水溶液。这也绝非偶然，波罗的海中部上层水中氯化钠的含量大致就是这样（1升水中有8.5克氯化钠）。在炎热的夏天，人们因从事体力劳动或体育比赛而出汗过多时，也要喝点淡盐水，这是在向人体内部“海洋”中补充盐分。

人体中的大部分物质是水。据测定，一个体重70千克的成年人体内约有45~50千克水，占体重的65%~70%。一个人的胚胎发育到3天时所含的水达97%，与海洋中的水母所含的水一样多；发育到3个月时含水91%；8个月时含水81%；新生儿身上有80%的水；1岁孩子身上的含水量已和成年人一样了。

人体中的所有生命活动，都离不开水。在海洋中，海流不停息地运动着，不断地进行着水体的运移和再分配。在人体内部的“海洋”中，也不断地进行着这种水体的流动。血流不停地在体内循环，犹如海洋中的海流。一颗健康的心脏像一个自动化水泵，每分钟要泵3.5~5.5升血液。一个活到60岁的人，一生中心脏压出的血液约15万立方米，相当于一个深2米、直径近300米的小海湾的水量。由此可见，人体内部的“海洋”流动得多么剧烈。成年人的肾一昼夜要过滤约2立方米的血液，以排除机体上的有毒物质和残余物质。换句话说，一昼夜通过肾的血液量是全部血液的360倍，肾大约每分钟将全身血液过滤一次。

人体正常体温在37℃左右，这也不是偶然的，而是与液态水的性质有关系。水在37℃时的化学反应能力最适于人体的各种生命活动。在较高的温度下，如在50℃以上时，水的化学反应能力增强，就会破坏决定遗传性的核酸结构的严格序列，使器官产生病变，不能发挥正常的作用。

人为了维持自己的生命，每昼夜需要补充2.5升水。一个活到60岁的人，一生中所喝的水超过650吨！

在正常条件下，人体处于水的平衡状态，即补充的水和排出体外的水量相当，如果体内的水失衡，就会产生严重后果。如果水不能正常排出，就会在体内泛滥，身体要浮肿；如果人体中的水比正常量减少1%～2%或0.5～1升，就会感到口渴；当减少5%或2～5升，皮肤就会起皱纹，口腔干涸，意识模糊；当失水14%～15%或7～8升时，人就会死亡。可见维持人体内部“海洋”中的正常水量，是何等的重要。

人身上的海洋印记，揭示了生物进化的过程，证明了人类与现代生存的各种动物有着共同的祖先，证明了海洋是生命的摇篮。

人身上的海洋印记，使人类悟到了自身与海洋的源远流长的关系，从而坚定了一种信念：重返海洋，向海洋回归！

二、 海洋生物给人类的启示

人类区别于其他动物的主要特征就是：人类擅长学习。虚心好学的人类将目光转向大海之后，不仅从海中取鱼盐之利，而且探究海洋生物的奥秘，模仿它们的特长，发明了一个又一个的新技术。

“海洋游泳能手”，不断启示人类改进船舶航行技术；

“眼观六路”的鱼眼睛，使人类制造出视角广阔的鱼眼相机；

“耳听八方”的鲸类动物声波听测功能，启迪人类发明了声呐；

潜艇上浮下潜，吸取了鱼鳔扩张收缩的原理；

水下瑰丽的荧光，引导人类寻找新的光源；

挨了电鱼一次电击，才出现了“伏特电池”；

谁能说“人工鳃”不是模仿鱼鳃的杰作？

谁又能说“灯光捕鱼”，不是从鮟鱇鱼“荧光垂钓”学来的？

……

如今，水生动物仿生学已成为一门前景广阔的新学科，人类正以浓厚的兴趣研究海洋生物。仅以海豚为例，目前对其有研究兴趣的就有流体力学仿生学家、生理学家、水声学家、造船技师、生态学家、海洋学家、动物行为学家、水下装置设计家、神经解剖学家等等，他们都从海豚身上找到了各自的研究课题。

随着人类加快重返海洋的步伐，人类必将更加重视对海洋生物奥秘的研究，从它们身上学到更多的适应海洋环境的本领。

1. 海洋“游泳能手”与船舶航行

船，是人类征服海洋最基本的工具。

纵观各种类型的船，从它们身上都可以找到鱼类和其他海洋哺乳动物的影子。原来鱼儿游泳时，只要尾巴左右摇摆，就能产生前进的动力。另外，鱼尾巴的形状和游泳速度快慢有关，低速鱼有较圆的尾巴，中速鱼的尾巴似扇形，而高速鱼则长着月牙形的尾巴。人们还发现鱼儿在水中变换方向，除了靠尾巴外，还要靠胸鳍、腹鳍的划动。胸鳍、腹鳍斜向生长在鱼的胸部和腹部，它们既能张开，又能紧贴体壁。由于它们是左右成对的，所以又叫偶鳍。当鱼儿摆动左边的鳍时，鱼就向右边拐弯，反之就向左边拐弯。同时，鱼尾鳍的左右摆动，对鱼儿前进的方向也有同样的影响。

从鱼鳍摆动中，人类受到启示，将船尾安上舵，用来掌握方向；还在船尾装上桨，只要左右摇桨，就能使船儿向前进。直到现在，很多木船仍沿用这种推进方式，而所有船舵都和鱼尾巴的样式差不多。目前，世界上的船舶制造专家正在试制两种新型推进器：一种叫鱼鳍推进器；一种叫液压脉冲推进器。鱼鳍推进器翼板是月牙形，模仿高速鱼的尾鳍形状；液压脉冲推进器则是模仿深海鱼上下摆动的尾鳍而设计的。由此可见，从远古到今，尽管船舶的推进器具不断发展，但万变不离其宗，都是不断研究鱼鳍的结果。

100 多年前，一艘捕鲸船在大洋上发现一条死鲸。船长派几个船员，带上鱼叉，划着小船追了过去。可是，令人奇怪的是，他们奋力划船，也追不上这条死鲸。莫非死鲸又复活了？人们迷惑不解。后来才发现，是鲸的一对宽大的胸鳍在起作用。这对胸鳍在波浪的作用下，像双桨一样划动，使死鲸仍继续前进。

捕鲸船的水手们虽然没有叉住死鲸，但他们的故事却给船舶设计家们以启迪。设计家们在船的腹侧装上“船鳍”，结果不但提高了航速，而且还减轻了船的摇摆，增加了船舶航行的稳定性。

船儿装上了舵，使上了桨，可以自由改变航向了，也可以逆水行舟了，行船的速度也提高了，可人类仍不满足，还想使船儿跑得更快一些。人们又对鱼儿进行了观察，发现快速游泳的鱼类身体都呈纺锤形，即前端尖小，前段、中段渐趋肥大，后部又逐渐细小。纺锤形鱼类，眼睛镶嵌在体内，鳃盖紧紧闭拢，身体表面光滑，鳞片细小致密。这样的形体能减小水的阻力和摩擦力，大大加快游泳速度。

于是，远古的人们就将原木两头削尖，把表面磨光滑做成舟，这样既划得快又省力。现代船舶设计师们更是仿照鱼类和海洋哺乳动物的体形，制造出航行速度快的新型舰船（图2）。美国的船舶设计师模仿海豚的形体制造的核潜艇，其阻力可减少25%，时速可达50千米；美国的“飞鱼”号核潜艇，酷似“游泳能手”鲔鱼的体形。高速鱼雷和一些水面舰艇也已采用了纺锤形的剖面形状，从而大大提高了航速。另外，造船业目前正趋向制造鲸形船舶。这种新型船舶的水下部分，不像以前的尖龙骨形，船首采用鲸头那样的犁形，前半部和中部粗圆，尾部细小，又叫“水滴形”，像水珠滴落时的形状。这种鲸形船，发动机功率可比普通船小20%，但速度和载重量却相同。

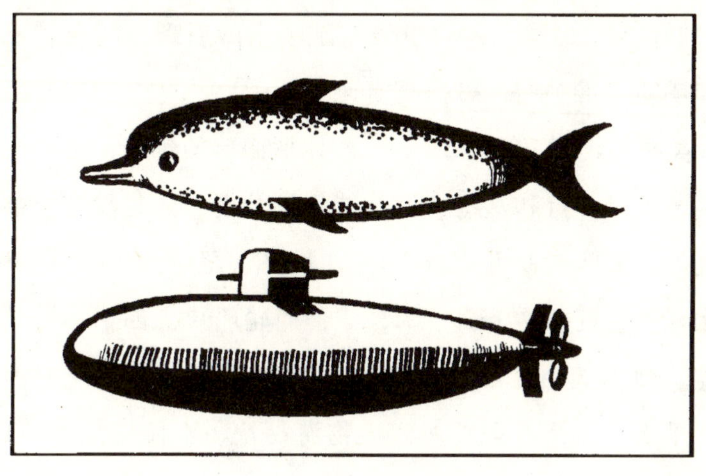

图2　海豚和潜艇外形

在海洋生物中，还有一种独特的游泳方式，那就是乌贼的喷水式。它在快速游泳时，将圆圆的尾端朝前，头和十只触手转向尾部，使整个身体呈优美的流线型。海水从尾部的环形孔进入外套膜，这时软骨将孔闭上，然后通过腹肌的收缩，把水从喷嘴射出去，从而产生极大的推力。它的最大时速可达150千米，素有“喷水式火箭”之称。人们模仿乌贼喷水的原理，制造了不同形式的船舶喷水推进器，可提高航速。

人类模仿海洋“游泳能手”的体形制造的舰船，尽管航速大大提高，可是一旦和这些“游泳能手”比赛，还是没有它们游得快。例如，海豚时速可达70千米，最高甚至达到100千米以上；箭鱼的最高速度可达130千米，比普通轮船快三四倍；鲔鱼的时速也能达到90千米；而潜艇时速不过58千米，水翼艇时速也不到100千米。这样看来，海洋生物游得快，不仅仅是形体优越，还有其他奥秘。

有人设想，海豚所以游得那样快，恐怕是它的肌肉强有力。根据这种设想，一位叫格雷的科学工作者做了一只海豚模型，用绳索牵引它在水中以海豚那样的速度前进，测定水的阻力。通过计算，他得出令人惊奇的结论：如果海豚游动的速度快到这种程度，那么，它遇到的水的阻力就大大超过了它的肌肉所能胜任的限度。因此，格雷认为，要么海豚的肌肉具有超自然的高效，比一般的哺乳动物的肌肉强6倍；要么它有另一种尚不为人所知的减小水阻力的方法。前一种设想是不可能的，而后一种设想又无从解释。因此，人们把格雷的设想，称之为“格雷怪论”。

德国火箭专家克雷默首先向“格雷怪论”挑战。第二次世界大战后，他在乘轮船去美国的途中，欣赏到了海豚非凡的游泳才能。当时，怎样减少物体在流体中运动时所受到的阻力，一直是萦绕他心头的问题。经过观察，克雷默发现，海豚在极高的速度下游泳时，身体周围竟没有涡流产生！海豚身体周围那平滑的层流结构，说明它的前进阻力极小。他琢磨着这奇迹般的现象，顿开茅塞。他认为，象形船之所以没有海豚游得快，谜底就在海豚的皮肤上。

克雷默开始研究海豚的皮肤。他发现海豚的皮肤非常特殊，共有三层结构：第一层是表皮；第二层是真皮，上面有许多小乳头状突起，这些小乳头在运动中能承受很大的压力，海豚的额部和尾鳍上的小乳头尤为发达；第三层是由胶质和弹性纤维交错组成的，中间充满了脂肪。海豚皮肤的这种独特的结构像一个“减振器”一样，在水的压力下可以灵活地改变形状，有效地防止涡流产生，把水的阻力降到最低限度。

克雷默经过苦心研究，终于在 1960 年仿造出人造海豚皮。这种人造海豚皮有三层：第一层为表皮；第二层中设置了许多容易弯曲的小突起，其内充满了富有弹性的液体；第三层为背衬材料。把这种人造海豚皮包在鱼雷和小艇上进行试验，能减少阻力 40% ~60% 。

当然，人造海豚皮是难以与真海豚皮媲美的。因为海豚皮肤上有大量神经，能够非常精确地察觉出水的摩擦阻力的变化，沿着水流方向，出现皮肤隆起线。人造海豚皮缺少神经系统，如果能模仿海豚的感觉神经，制成微型传感器控制人造海豚皮，那将是船舶制造业的重大突破。

人们还发现，快速游泳的海洋动物还有一种增速方法，就是皮肤分泌润滑液。目前，科学家正在试验用高分子聚合物代替海洋动物体表黏液，涂抹后可以降低50%～70%的海水摩擦阻力。把这种溶液喷涂在螺旋桨上，不仅能提高它的效能，而且还能降低噪声。遗憾的是，人工合成的黏液还远远赶不上天然的黏液，过半小时后，人工黏液就失去了效力。此外，人造材料成本高，价格昂贵，大量使用不经济。因此，需要人们进一步探索，研制一种长效经济的人工合成黏液。

长期以来，船舶设计师们为了提高船的航行速度，绞尽脑汁地研究探索，但是船速远不如飞机速度提高得快。15～20世纪，船速提高了12倍，而飞机速度从第一次世界大战以来就已经提高了20多倍。现在船舶的速度远远赶不上飞机，也比不过最快的汽车和火车。相信人类通过不断地对海洋中“游泳能手”的研究，博采其所长，定能大大提高航速，使海洋中的“游泳能手”们望尘莫及。

2. “眼观六路”的仿生摄像机

浙江绍兴西南的兰亭曾是东晋著名书法家王羲之书写《兰亭集序》的地方。“王右军祠”建筑典雅精致。整个建筑像一艘石舫，周围荷池环绕，池中停舫，舫中有廊，廊中建池，池中造亭。各单元又以石桥相连，祠后背倚青山。

人们纷纷打开相机，要把这美好的景致拍下来，遗憾的是收入取景框的只是池中一小亭，眼前的石桥、四周的回廊、祠后的青山都装不进取景框。一位专业摄影师从摄影包里拿出一个镜头，装在相机上。真是神奇的镜头！眼前的石桥、小亭、池水，两侧的回廊，远处的青山，就连人们头顶上的屋檐，竟可统统收入镜头。

这个镜头叫“鱼眼镜头”，是人类模仿鱼眼睛的功能制造的摄影镜头。

鱼眼睛有什么神奇的功能呢？我们知道，水下的光线极弱，所以海水的透明度要比空气低得多。可是，在亿万年的进化过程中，鱼类的各种器官早已高度适应了水下环境，因而具有良好的水下视觉。

同高级动物的眼睛一样，鱼眼睛也分为折光部分和感光部分，不过鱼眼睛也有与陆地动物的眼睛不同的地方。我们知道，光在空气中的折射率为1，陆生动物的角膜折射率为1.376，角膜是陆生动物的主要折光元件。但水中的情况就大不相同了，水的折射率为1.333，和鱼类角膜的折射率很相近，因而鱼的角膜折光本领很弱。这样一来，鱼眼的水晶体就成了主要折光元件了。经过长期进化，鱼眼的水晶体变成了圆环形，而且它的折射率由环面向球心不断增大；与此同时，水晶体与视网膜之间的距离则变小，从而加强了远视程度。另外，一般动物眼睛的视野或像场角是比较小的，只能看到眼睛前方的景物。而鱼眼的视野宽阔，像场角可以达到220°，不仅可以看到前面180°范围内的景物，还可以拐弯看到身体两侧往后的景物。

人类仿照这种“眼观六路”的鱼眼制成了“鱼眼镜头”，它具有大于200°的像场角，比普通照相机的像场角扩大了三四倍。如果用普通照相机从高空拍摄地面照片，一次只能摄得10平方千米面积的景物；假如飞机装上“鱼眼摄像机”，一次可以拍摄几十平方千米的景物，具有很高的军事价值。

海洋中有的鱼类被称为“四眼鱼”。如美洲一种“四眼鱼”的眼睛中有一个水平隔膜，把一只眼睛分成上下两个部分，上部分用来观察空中目标，下部分则用来看水下物体。人们正在研究这种奇特的构造，如果仿制成功“四眼鱼镜头”，将它安装在潜艇的潜望镜上，只要升起一根潜望镜，就可以同时观察海面和天空了。

一天，某国侦察卫星拍摄的照片传至地面研究中心，情报人员展开一看，只见照片图像模糊，难以分辨。他们马上将照片送到鲎眼电子模拟机进行处理。一打开机器，只见照片上各种景物的边缘轮廓格外分明。情报人员一看，照片上的图像原来是一个巧妙伪装起来的导弹基地。

这种具有“火眼金睛”本事的电子模拟机，是模仿鲎眼的结构原理而新发明的仿生仪器。

鲎是生活在海洋中的一种节肢动物，已有4亿年的历史，被称为“活化石”，中国东南沿海一带都有它们的踪迹。它们或在浅海游动，或在海底爬行，有时还潜藏在海底的泥沙之中。它长着10条腿，身披马蹄形甲壳，长着一条剑一样的尾巴，人称

“马蹄蟹”。其实，它并不是蟹类，倒与蜘蛛、蝎子是近亲。此外，它还有个美名，叫做“海底鸳鸯”，因为它们和陆上鸳鸯一样，雌雄形影不离。

当然，科学家们最感兴趣的还是它的眼睛。鲎有四只眼，脑前方有两只单眼，每只直径半毫米，单眼是鲎感受紫外光的视觉器官。在鲎头部两侧，还各有一只奇特的大眼睛，每只由约1000只小眼组成，这是鲎的复眼。那么，鲎的复眼是怎样在水下看东西呢？原来，鲎的复眼中，每个小眼都有感光细胞，也都有自己的透镜，能把投射来的光线聚焦，并把光能转变为电能，产生电脉冲信号，传到大脑，就能看到水中的物体了。

美国一位名叫哈特兰的电生理学家经过试验发现，鲎的小眼之间有侧向神经相互联系，当一个小眼受到光照而产生神经兴奋时，周围的小眼却受到抑制。也就是说，小眼对光的反应反而比正常情况下减弱了，它们发出的神经脉冲减少了。哈特兰把这种现象称作侧抑制。

鲎眼靠这种特殊作用，把眼睛接受到的视觉信号抽出加工，略去图像的细部，增强物体边框影像，从而突出图像的轮廓，这样就大大加强了目标的清晰度，使鲎能在昏暗的海底看清外界的景物。

哈特兰通过对鲎眼的研究，得出了侧抑制作用的数学模型。根据这个模型，人们研制出了鲎眼电子模型，用来处理模糊的X光照片、航空摄影照片，从而得到了轮廓清晰的图像。

人们还应用这一原理，研制出了一种电视相机，用它来拍摄水下景物，将会为海洋研究提供良好条件。如果照相机也装上侧抑制器件，那么不论航空摄影、水下照相，所拍出的照片都会轮廓鲜明，历历在目。

现在彩色电视播送设备中所应用的“勾边线路”，就是模仿鲎眼的侧抑制原理制成的，它可以加强发送图像的轮廓，使图像更加清晰可辨。

在军事上，人们还利用侧抑制原理提高雷达的灵敏度，还可以仿造出类似的电子设备，提高红外夜视仪的图像清晰度。

3. “耳听八方”的水生动物与人工声呐

长鲸似的潜艇悄悄地在碧波下面潜航。被艇员誉为潜艇的“顺风耳”的声呐，正在仔细地倾听海面上和海中的各种声音，从中捕捉“冤家对头”——猎潜艇螺旋桨发出的噪音。

水下世界并不像人们想象的那样静谧无声。纷繁的水生家族们，用其特有的语言，抒发着自己的喜怒哀乐，讴歌着美好的水晶宫生活。你听，声呐扬声器中不时传来鱼群奇妙的叫声：赛音鱼发出的悠扬声音似“男低音”独唱；沙丁鱼“哗啦、哗啦”的叫喊，仿佛是男女声二重唱；黑背鲲的吟唱，像微风掠过林涛，沙沙作响……再加上海浪的“哗、哗”声、机帆船的“噔、噔”伴奏声，汇成了一部雄浑动听的“交响乐”。

突然，这“交响乐”中，糅进了微弱的“嚓嚓”声。声呐兵立即报告："左舷×度，发现'敌'猎潜艇，速度××节，航向××度！"

"注意听测！"艇长下达口令后，仍不动声色地站在指挥位置上。

声呐兵不时报告着"敌"猎潜艇的方位、距离，潜艇在原航向上继续前进。

突然，声呐扬声器里传来"当、当、当"的声音。有经验的艇员知道，这是"敌"猎潜艇启动声呐回音站搜索潜艇，从声波的间隔看，"敌"猎潜艇还没有发现水下的潜艇。

过了一会儿，声呐扬声器里又传来"当、当、当"的"敌"猎潜艇声呐搜索声，并越来越短促，越来越响亮。潜艇被"敌人"发现了！

说时迟，那时快，只听艇长下达了"两车前进四"的口令。一阵车钟声响过，主机兵报告："两车前进四到！"

"右满舵！"艇长果断地下令。

高速前进的潜艇来了个急转弯，螺旋桨搅起的强大尾流继续向前冲去，给"敌人"造成错觉，追赶尾流去了。

当潜艇减速后，声呐扬声器里传来的"敌"猎潜艇声呐搜索声越来越小了。

潜艇突破了"敌"防潜警戒线，艇员们的脸上露出了胜利的微笑。

潜艇和猎潜艇上安装的神奇声呐，就是人类仿生的杰作。

在自然界中，不少动物具有用声波定位、辨别目标的本领，像蝙蝠、豉虫和某些鸟类等。然而，生物声呐功能最优异的、人类最为感兴趣的，当属海豚了。

1961 年，著名的鲸类专家诺里斯作了一个试验：他用橡皮眼罩将海豚两眼蒙上，海豚照样从容不迫地穿越水下金属柱组成的“迷宫”，并能准确地找到扔在水中的维生素胶囊。由此可见，海豚并不完全靠眼睛观察目标。

科学家们还做过这样的试验：用橡皮将海豚的前额蒙住，可海豚说什么也不干，总是设法把橡皮弄掉。为什么？因为它的前额上有用来定位和辨别目标的发声波器官。

海豚为什么要用声波“看”东西呢？要知道，受水的折射，阳光照不到深水，水下黑咕隆咚的，有眼睛也看不远。而在水中，声音传导的速度比在空气中快 4 倍，而且传得很远。假如海豚发出的声波传出去后，碰到鱼就产生了回声。海豚听到了回声，就能调整方向，向鱼游去。它不断地发出声波观测，不断调整方向，直至捕到猎物。

海豚没有声带，是用鼻子发出声音的。在它的呼吸孔和鼻道之间有 3 对气囊，气囊和有关组织的有机配合，便产生了频率不同的声波。在海豚气囊的后面，是近似抛物面形状的颅骨，它能把声波反弹出去。在海豚的前额有一个瓜状脂肪体，它就像一个声透镜那样，起聚焦作用，把声波聚成声束辐射出去。瓜状脂肪体还可以改变形状以控制发出不同辐度的声束，甚至可以在向前发射一主体声束的同时，又向 90°方向发射一小的声束；它还可以用一架“发射机”发出通讯用的“哨音”，用另一架“发射机”发出定位用的“滴答”声。

海豚的“声波接收机”又在哪里呢？

科学家们发现，海豚为了保持流线型，便于游泳，外耳只留一点点痕迹。它的耳道纤细如线，差不多已被堵死。海豚基本上不用耳朵接收声音，它的下颌骨才是“声波接收机”。

海豚下颌骨中空，其壁甚薄，中间充满了脂肪，一直向后延伸到耳骨，并将其包围，从而形成了一个独特的声波导管。同时，耳骨周围的组织又起着对声波导管同头骨、上颌骨隔声的作用，使得海豚接收声波有着良好的方向性。据科学家测试，海豚经下颌骨接收的声音，比通过耳道接收的多5倍，而且到达海豚下颌骨的回波角度在30°～90°时，声波传导率最高。人们发现，海豚在接近猎物时有摇头的习惯，这就是在调整回波角度，为了听得更准确。人们还发现，海豚也有两部“声波接收机”。实验表明，海豚对两种不同频率的声波很敏感：一种是用于回声定位的高频超声波，另一种是用于通讯的频率较低的声波。

海豚回声定位的作用原理，目前已作为声呐技术，被人类广泛地应用于军事、航运、海底矿产勘探、渔业生产等领域中去。但是，与海豚身上的声呐相比，人工制造的声呐体积大，像人工造的“海豚”形寻找鱼群的回声探测仪，重量相当于宽吻海豚的体重，而宽吻海豚的水中定位器仅占其体重微不足道的一小部分。在乱七八糟的水下嘈杂声中，海豚声呐的抗干扰稳定性很强，而人工声呐则望尘莫及。另外，人工声呐每次只能发射一种频率的声波，而海豚声呐则可发出两种频率的声波。

海豚神秘高超的声波定位、辨别目标的能力，至今仍对人类有极大的吸引力，科学家们正致力探索其奥秘，用来改造人工声呐技术。据报道，美国已研制出一种多波束回声测深仪，采用两套相同的水听器和发射器阵，每套发射11个波束，每束宽5°，从而改变了普通测深仪只能发射一种声波的状况。这大概是受海豚发射多波束声波功能的影响吧？

另外，人类还从海豚高速游泳时听觉能力不受水流噪声影响受到启发，发明了“人工海豚耳”——声呐导流罩，大大提高了声呐抗干扰的能力。起初人类发明的声呐，装在军舰上，只有在静止时才能听到远处目标的噪声，因为当军舰航行起来，水听器周围的水流噪声大得往往淹没了目标的噪声信号。有了声呐导流罩，即使军舰全速前进，声呐也能排除噪声，发现水下的潜艇。

台风在海中生成以后，由于空气和海浪的摩擦，便会产生8～13赫兹的次声波，它以每秒钟1450米以上的速度在水中迅速传播。这种次声波，人耳是听不到的，可是，海洋中有一种叫水母的腔肠动物却能听到。它像海蜇一样张开伞状的身体，伞缘上的触手长有小球，这就是水母的耳朵。它接受了次声波后，便游离岸边，寻找安全之地。人们受水母接收次声波的启示，成功地设计出水母耳风暴预测仪（图3）。这种仪器由次声波接收机、把次声波转换成电脉冲信号的换能器和显示器三个部分组成。它可安装在船只的前甲板上，接收喇叭按360°旋转，一旦接收到8～13赫兹的次声波，旋转着的喇叭便自动停止转动。人们从喇叭停止转动的方向上，就能知道风暴行将袭来的方向；而指示器

图3　水母耳风暴预测仪

的指针则指出风暴的强度，从而使人们能够提前 15 个小时知道行将到来的风暴。

4. 人工鳃与人工肺

深邃的海洋深处，充满了无限的诱惑力。当科学技术还无法使人类到达海底的时候，人们便张开想像的翅膀，编织了一幅幅美好的神话图景。人们想象着海洋深处有座金碧辉煌、玲珑剔透的“水晶宫”。这里，宫殿雕梁画栋，长廊曲径通幽，花园奇葩争艳，宝库珠宝泛光，街道当中有个神奇的定海针……“水晶宫”里的头儿是东海龙王，他手下有龟臣、蟹将、虾兵、龙女、蚌娥、鳖婆。

当一心想遨游“水晶宫”的人们，一旦潜入水下，发现海底世界并没有什么“水晶宫”的时候，他们并没有什么失落感，相反会被水下迷人的景色吸引得流连忘返。

海底真是个美丽奇妙的世界：绿茵茵的海藻铺展着偌大的海底草原，那金黄、浅红、淡蓝色的海星夹杂其间，恰似草原上盛开的烂漫鲜花；悠然游动着的白色、黑色、银灰色的小鱼，宛如花枝招展的蝴蝶在花丛翩翩起舞；海水表层，一排排银针鱼像战鹰编队飞掠，一个个水母撑开白色的小伞，悠悠漫步；海底礁石上，爬满了硕大的鲍鱼、海参、贻贝……

啊，美丽的“水晶宫”，恬静的“水晶宫”，富饶的“水晶宫”！

到水下游览，到水下探险，到水下寻宝……这大胆的设想，这美好的意愿，撩拨着人们的好奇心。于是，人类开始走向海底。

起初，人们只能憋上一口气，一个猛子扎入水下，当憋得坚持不住的时候，再“呼”地一下钻出水面，急不可耐地大口吸气。尽管迄今为止，屏气潜水的最深纪录已达到100米，可人们在水下只能憋上3分40秒的气，超过这个时间不出水只有憋死。

人们为了延长在水下的时间，试验着用一根管子从水面通往水下，潜水人员衔着管子呼吸。可是，由于水面和水下的压力不同（每潜入水下10米就增加1个大气压），仍然影响着人的呼吸。

后来，人们又想出一个办法：人钻进一个叫“潜水钟”的密封容器里，从水面吊放到海底。可是容器里的空气有限，一旦吸尽，人就会憋死。兴趣广泛的天文学家哈雷，不仅发现了彗星，而且又改进了古老的“潜水钟”，他用一个防水皮管子往“潜水钟”里通气。

直到1819年，奥古斯特·赛伯才发明了“重潜水器”装置。这套装置将一个坚固密封的头盔和不透水的潜水衣连接在一起，空气由压缩机经皮管通到头盔里，供潜水员呼吸。这种潜水装置虽然解决了人员呼吸问题，但由于皮管牵制，在水下行动的范围有限。

1943年，法国的雅克·库斯托发明了一种“水肺”，去掉了笨重的头盔、铅底鞋和束缚行动的皮管。潜水员只要穿着游泳服，戴着轻巧的面罩，背着氧气瓶，就可以自由地在水下遨游了。

“水肺”的发明，尽管给潜水员水下行动带来了一定的自由，可是，人们仍面临新问题。由于水下压力不同，潜水越深、工作时间越长，减压的时间就越长。假如潜水员在15米水深处逗留1小时，允许上浮时间是2分钟的话，那么在30米水深处工作1小时，上浮时间就得用1小时，否则，马上浮出水面就要得潜水病。

人们渴望着能像鱼那样自由自在地在海中遨游，就像风靡一时的科幻片《大西洋底来的人》中的主人公——麦克·哈里斯那样，不用背氧气瓶，也不用漫长的减压，在海洋深处和陆地之间，说走就走，说来就来。

为了实现这个幻想，人类拜鱼为“师”了。

鱼类是怎样在水下呼吸的呢？原来，它们有特殊的水下呼吸器官——鳃。如果打开鱼的鳃盖，你就会看到那里面有一片片的鳃瓣，上面有许多鳃丝，鳃丝上布满了纵横交错的微血管。鱼鳃的微血管非常薄，是一种具有渗透性的薄膜。这种薄膜有一种奇妙的本领，它能透过氧和二氧化碳，却不让水透过。正因为如此，溶解在海水中的氧气进入鱼鳃后，经鳃丝的微血管就能进入到鱼的血管中去，而呼出的二氧化碳则经过微血管的薄膜渗透到水中去。这就是鱼类的呼吸过程。

1964 年，美国的劳勃终于在研究鱼鳃的基础上，用硅酮橡胶薄膜成功地制成了“人工鳃”。这种薄膜极薄，水不能透过，而溶解在水中的氧气却能安然通过。他用老鼠做试验，结果老鼠靠这种薄膜在水中整整活了 18 小时。

“人工鳃”虽然造出来了，但仍离实际使用距离很远。本来水中的氧气含量仅相当于空气中的 1/30，再加上薄膜的渗透能力有限，是远远满足不了人们在水下呼吸需要的。于是，人们又开始转向对龙虱的研究。

龙虱是一种较大的甲虫，它在潜水之前，先捕捉一团空气，形成一个“气囊”，挟在翅鞘之下，然后再进行潜水。这个“气囊”相当于龙虱的呼吸调节器，它把龙虱呼出的二氧化碳溶解到水中去，又从这里滤取水中的氧气。

从理论上看，只要能在水中造成一个空穴，水中的氧气和氮气就会慢慢地充满这个空间，最后达到与陆地上的空气相同的程度。在这样的水下空穴中，人和一切陆生动物都可以自由自在的呼吸。显然，龙虱所利用的正是这样的原理。

经过周密的思考，科学家们想出了一个巧妙的办法，即利用"人工鳃"薄膜来制造这种空穴，人为地制造水下空气供人呼吸。他们把"人工鳃"橡皮薄膜绷在空架上，形成一个2米见方的水下空穴，里面装上小动物进行潜水试验。据说每平方米的"人工鳃"每分钟可以通过10毫升的溶解氧，足够小动物呼吸的了。但对于人来说，仍有很大差距，因为人哪怕是静止不动，每分钟也得呼吸250毫升左右的氧。

根据同样的道理，英国科学家又创造了一种"人工肺"，即用硅做成的薄膜。它的用处很大，医生做手术时，可以用它来代替肺，氧气通过人工肺直接进入血管。经过适当的改进，它也可能会对人类的潜水技术做出贡献。

甚至还有人设想，制造出一种能使血液吐故纳新的再生装置，人就自然不必再用肺进行气体交换了。这样一来，人就真的能像麦克·哈里斯那样在大海和陆地自由往来了。那样的话，人们就可以定居在水下，在海底工厂、矿山、海洋牧场中从事工作了。

这毕竟是人们的美好愿望，但是，随着科学技术的发展，人类定能发明创造出效能更高的"人工鳃"、"人工肺"，来满足人类开发海洋、回归海洋的需要。

5. “海火”与冷光源

在黄海北部的獐子岛，人们在夏秋夜晚有“蹲夜”（夜间钓鱼）的习惯。每当夕阳卷起铺展在天边的彩霞锦缎时，人们便扛着钓鱼竿，拎个柳条筐，到远离村庄的海边“蹲夜”钓大鱼。

夜海像涂了一层墨，褐色礁石朦朦胧胧。突然，前方的礁石边，有一群流萤似的火花忽闪忽闪地起舞，宛如海神点燃的万点烛光。

“快看，流萤!”“那不是流萤，是‘海火’。”

走近前来，只见微风轻浪簇拥着一群群“海火”，轻吻着岸边礁石，像群星阑干，似碎玉泛光，如钢花迸溅。此时此刻，夜海宛如镶上了一道烁烁金边。

这满海的“海火”是怎样形成的呢?

原来，这是海洋中的微生物发出的光。大海中，能发光的微生物有70多种，其中一种叫鞭毛藻，它含有荧光素酶，在海浪冲击、物体摩擦等物理作用下，再加上氧参与化学反应，便会发光。当然，鞭毛藻要产生人的肉眼所能看见的光泽，需要大量的鞭毛藻聚合，即5亿亿个鞭毛藻聚合在一起，才能产生100瓦灯泡的亮度。再如东南亚发光水蚤，白天钻进沙子里，晚上出来活动，集合在一起，能使海水发出蓝幽幽的光。还有赤潮鞭虫、粗柄多甲藻、苍白多甲藻等，也都是“海火”的重要光源。

海洋中还有许多能发光的腔肠动物，比如多管水母、大洋水母、水碟水母、介穗螅、羽螅等等。生物进化论的创始人达尔文曾生动地描写了在火地岛水域中的一种水螅发光的情景。他写道："我把它们放在盛盐水的容器中。黑暗中，我摩擦水螅的任何部分，所有的水螅便都开始强烈地发出绿色的磷光来。我从未见过比这更美丽的东西了。最令人心醉的，是闪烁着的光沿着树枝状的群体，从下向上移动。"

在海洋发光生物中，发光鱼类不胜枚举。鱼类的发光器官也是最为复杂、最为完善的。据统计，44%的深海鱼类都能发光。鱼类发光的情况各不相同，有的鱼身体两侧发光，有的身体上有成排铜扣似的发光斑点，有的下腭有成对的发光器。蟾鱼的发光器更多，竟有840个，成行排列在皮肤里，闪光时像美丽的图画。南印度洋里生活着一种奇特的喷火鱼，它平时从食物中摄取含磷的有机物，并不断在体内储存起来，一旦遇到敌害，就喷出发光物质自卫。在加勒比海生活着一种小鱼，长着3只眼睛，中间的那只眼睛像一盏小探照灯，发出的光亮能照亮1.5米左右的距离。以"深海钓鱼夫"著称的鮟鱇鱼，头部的鳍已退化成一根弯曲的细棒，棒的末端就是发光器，恰好悬垂在鱼嘴的上方，当小鱼趋光而来时，就被鮟鱇鱼的大嘴吞进肚里。

海洋中的生物发光，引起了人类的兴趣。

300多年前，英国科学家罗伯特·波义耳制作的装满发光细菌的瓶子竟能照亮房间。他发现细菌发光，是空气中的氧起作用。

19 世纪末，法国科学家杜波依斯发现蛤体内有两种与发光有关的化学物质：荧光素和荧光酶。

近年来，美国科学家发现，发光生物还利用一种叫做三磷酸腺苷的高能化合物作为能源。由于发光生物的荧光素消耗量大，所以生物每次发光后，荧光素便与三磷酸腺苷相互作用，使其再生，重新发光。

人们还发现，生物发光的效率特别高，因为它不产生任何热量，全部化学能都能转化为光能，这是任何人工光源所不及的。在人工光源中，白炽灯的灯丝烧到 3000℃ 时才能发光，其中 90% 的能量都以红外线的形式转变成热能而消耗掉了，只有 10% 的电能转化成光能。荧光灯虽比白炽灯要好一些，但它的效率也不超过 25% 。

人类十分注意从海洋发光生物身上学点本领。人们从类似蛤的小动物身上得到的荧光素和荧光酶，一遇到水便发出光来，即使是存放了 20 年之久的干粉末，也依然如此。在第二次世界大战期间，日本士兵就曾用这种粉末来代替手电筒。当他们要在夜间查看地图时，就在手心上涂上一些发光粉末，借着它的荧光来阅读。

人们从海洋发光生物身上得到启示，用化学方法制成了冷光源。冷光源在工程技术上用处可大了。例如，在容易引起爆炸危险的火药库和充满瓦斯的矿井中，冷光源是最安全的照明设备。

总之，人类正在深入探索海洋生物发光的机制，以便更好地加以利用，为人类造福。科学家们设想，未来的办公室、住宅和公共场所将涂上特殊的冷光物质，那么这些发光物质白天接收并储存太阳辐射的能量，而到了夜晚则大放光明，使每座城镇都成为“不夜城”。

6. 从电鱼到伏特电池

形状各异的电池，给人类生活和工作带来了极大的方便。大蓄电池可以使潜艇在碧波下航行；手电筒给行走的人们照亮路程；随身携带的半导体收音机靠电池发出声响；玲珑的石英手表装上纽扣似的电池方可“滴答”走动；儿童手中的玩具大都靠电池驱动……如果没有电池，汽车行进、人们夜间行走照明、人身上的手表、收音机，都得拴上电线，那样人们可就没有多少自由了。

用途广泛的电池，是人类受海中“电鱼”的启发发明的。

海洋中，会发电的鱼有电鳐、电鳗、电鲇、电鲶、瞻星鱼、长吻鱼、裸臂鱼等，大约有300多种。

各种发电鱼所发出电流的强弱和电压的高低各不相同。

生活在热带和亚热带近海中的电鳐，个大的身长2米，体重100千克。它的体盘又扁又圆，拖着一条长长的尾巴，活像一把大蒲扇。它一般能发出60伏、50安培的电流，功率高达3千瓦，足以电死一条大鱼。它只需发出一个电脉冲，就能把6个100瓦的灯泡同时点亮，发出像霓虹灯广告牌那样的闪光来。

生活在亚洲的电鲶，虽然只有1米长，却能发出350伏的高压电，这不仅能击死鱼类，甚至还能把人畜击昏。

在所有的发电鱼中，最厉害的是电鳗。它的形状像蛇，身长只有2米，体重才20多千克。电鳗捕食时，放电的电压一般在300伏特，若长久没放电，放电时的电压高达800伏特。鱼类一旦受到它的电击，身体弯曲成弓形，一动不动地僵卧在那里，任其吞食。电鳗发出的电压，可以驱动一台小型电动机。美国佛罗里达州有一个“电鱼博物馆”，门口高悬的霓虹灯，就是靠馆内一条电鳗提供电源的。在南美洲，常有渔民受到电鳗袭击的报道，轻者受伤，重者丧命。南美一些渔民捕捉电鳗前，先将几匹马赶到水里来回走动，诱使电鳗不停地放电。马不像人那样容易受到电击的伤害。而当电鳗疲劳时，放电电压就会越来越低，渔民便可安全地将电鳗捕获。

电鱼是怎样发电的呢?

原来，这些电鱼身上有着特殊的电器官，它是由肌肉蜕化而成的。电鱼的发电器官由许多叫做“电板”的盘形细胞组成，排列成柱状。“电板”浸润在细胞外的胶质中，其外有结缔组织包裹。“电板”的一侧与神经相连，胶质中有毛细血管网。

电鱼的种类不同，其发电器官的位置、形状和“电板”的数量也不一样。像电鳐，在身体中线两侧的鳃孔和胸鳍之间，各有一个椭圆形的发电器。每个发电器都有2000个六角状的柱状管，每个柱状管又由40个“电板”上下重叠组合而成。电鳐的腹面是负电极，背面为正电极。在神经的支配下，电鳐的负电极发出电流，由腹部流向背面。电鳐每秒放电 50 次，10～15 秒钟后放电就完全消失，只有在休息一段后才能重新放电。

电鳗的发电器官特别长。它的身体要害器官集中在头部一端，占整个身体的 1/5，其余 4/5 都是发电器官。它身上的发电器官分三个类型。一对“主电池”可产生高压电。这一对“主电池”中有无数“电板”，有规则地叠成一叠钱币样的柱。一条电鳗的身体一侧有 60 条柱，每条柱有 6000～10 000 个“电板”。虽然每个“电板”所产生的电压只有 150 毫伏，但由于“电板”数量多，彼此串联，就可以产生很高的电压。电柱又互相并联，因此就产生很强的电流。在电鳗尾巴后部变细的地方，还有一对较小的发电器官，电波频率为每秒 20～30 赫兹。在臀鳍的底部还有一个与鱼尾同长的小发电器官，它发出的电波很微弱。

很早以前，人们就领教了电鱼的本领，并巧妙地加以利用。2000 多年前的古罗马时代，一天，几个人架着一个蓬头垢面、胡言乱语的汉子向一间屋子走去。这屋子是一家诊所，屋中央放一个大木盆，一条长蛇一样的鳗鱼静卧其中。身穿黑袍的医师令人们把病人架到木盆前跪下，医师一面念念有词，一面将病人的头部按入水中。水中鳗鱼受到惊动便猛地放电，那病人一声大叫，仰头倒地。“再来几次！”连续几次过后，病人比进屋前安静多了。

这是古罗马人用电鱼治疗精神病人的情景。中国古代也利用电鳐放电治疗风湿病和癫狂病。这大概就是电疗的最早起源吧。时至今日，在法国、意大利、澳大利亚等地的海滨，还有许多风湿病患者在退潮以后，沿着海滩寻找这些免费“电疗医生”。

19 世纪，意大利物理学家伏特发明了“伏特电池”。他的这项发明是拜电鱼为“师”取得的。当时，另一位科学家伽伐尼通过实验，提出了青蛙腿带“生物电”的学说。伏特重复了这项实验后认为：蛙腿的收缩仅仅是两种不同的金属棒接触后，通过蛙腿形成电流刺激的结果，而不存在什么“生物电”。为了反驳伏特，伽伐尼改进实验，用一条青蛙腿抽出的神经，去接触另一条青蛙腿，从而证明了可产生“生物电”。

伽伐尼的实验驳倒了伏特，但伏特仍不甘心。为了证明两种金属相接触可以产生电流的假说，他做了无数次试验，终于在电鱼器官的启发下，发明了伏特电池。他把铜片和锌片浸在硫酸溶液中，用导线连接起来，即可产生电流。

后来，人们又从电鳐的发电器官中受到启发，发明了干电池，从而大大缩小了电池的体积，又能防止电解质外流。干电池轻便耐用，至今仍给人们带来方便。

三、丰盛的粮仓和菜篮子

1. 第三种粮食资源

海洋中的藻类有近百种可供人类食用。

人类食用海藻的历史已经很久了，早在公元前2700年前，中国、日本、朝鲜等国已经有人食用食藻了。英国、法国、新西兰、澳大利亚等国食用海藻的历史也很长。

海藻含有丰富的营养，它们不仅含有许多蛋白质、脂肪和碳水化合物，而且还含有20多种维生素，其中维生素 B_{12} 还是一般植物所没有的。藻类被人类称为是“第三种粮食资源”。

海藻还广泛地被用作饲料和肥料，甚至某些疗效显著的药材，也是来自海藻。

海藻是海洋中的低等水生植物，可分成两大类：一类为水中浮游植物，主要是大量单细胞水生植物，以硅藻和绿藻为主，它们靠阳光和海水里的营养盐类生活。浮游植物是海洋里有机物的基本生产者，是一切海洋动物的“粮食仓库”。这些浮游植物除了含有某些维生素之外，还含有人体所需要的多种多样的营养物质。第二类为近岸大型水生植物，如海带、紫菜、裙带菜等。这些水生植物形成了一条围绕世界海洋的带子，在一定的宽度以内，有些地方的藻类一年会繁殖数百倍。尽管目前人类所能利用的还只是其中很小的一部分，海藻的加工业还刚刚开始，但是，人类已把它们看做丰富的粮食资源，并正努力开发利用。

藻类对温度的适应能力很强，从80℃到200℃都有可以生长的种类，有的在0℃以下也同样生长。在美国加利福尼亚沿岸生长的一种大叶藻，每天可长50厘米。褐藻是海中生长较快、个体粗大的藻类，个别红藻和绿藻也生长较快，特别是在温带和寒带的海洋中生长更繁茂，如同平坦的草原一样。有的藻类也和陆上的森林一样，生长茂密。

海藻的营养价值很高，据分析，海带是营养价值很高的大众化食品，含褐藻酸24.3%、粗蛋白5.97%、甘露醇111.13%、钾4.36%、碘0.34%，还含有大量的降低血压、治疗气管炎、哮喘、促进产妇分泌乳汁等医药成分。而裙带菜的干品含粗蛋白11.26%、碳水化合物36.81%、脂肪0.32%、水分31.35%，还有很多维生素。紫菜的营养价值也很高，富含蛋白质、脂肪、碳水化合物，还含有钙、磷、铁以及多种维生素。现在，人们的饭桌上，海带、紫菜、裙带菜等海藻，已是司空见惯。

1970年英国发明了一种新机器，人们用这种新机器可以把藻类加工成一种含蛋白质丰富的浓缩食品，一台这样的设备生产的产品可以满足5万人对蛋白质的需求量。有关资料表明，用这种机器生产的蛋白质食品，就其营养价值来说，不亚于鱼和肉。这种机器的样机在印度和尼日利亚已成功地进行了实验。该机每小时可粉碎和加工1吨海藻，榨取液蛋白质可高达70%。渣子可以作饲料。榨取液经过凝结工序，蛋白质可从中析出，然后再过滤、提纯。产品的外观很像乳酪，也没什么怪味，不用另加调料即可食用。这种方法又开辟了一个获取蛋白质的新途径，特别是对于那些缺乏含蛋白质产品的国家，意义就更大了。

有资料介绍说，波罗的海沿岸国家，人们每年都把数千吨海藻直接用作牲畜的饲料，或是作为生产饲料和肥料的原料，间接地变成了人类的食物。在砂地上用海藻作肥料还可使植物增强对初春霜冻的抵抗能力，获得高产。在里海沿岸，人们利用海藻作肥料和工业原料，提取氮及微量元素。如果里海的藻类能够充分利用起来，一定可以取代很多的矿物肥料工厂。在中国、日本、朝鲜等国和库页岛，人们早就用海藻作饲料，其营养价值远远超过苜蓿。人们用海藻喂养猪、牛等牲畜都获得了成功。美国正在进行“海洋食物和能量农场计划”的海藻养殖计划，每年可产巨藻3400万吨，同时再以巨藻为原料，生产6亿立方米甲烷，还可生产食物。巨藻的食用价值与莴苣、芹菜相似。

海藻的收割用机器最好。有的海藻生长在较深的海水中，叶子浮到水面上，用一条小机船在适当的深度用刀来割，然后把割下来的海藻收到甲板上。在科拉半岛以东的海洋中，生长有160多种不同海藻，在这里使用了专门的收藻船。俄罗斯使用的专门收藻船上还装有水下电视机，用它可以测定海藻的位置、大小和监测海洋植物的收获情况。还有一种收获海藻的方法是从海底捞取，并采用拖网。

目前对海藻的食用还远远没有达到应有的程度，人们认为海藻的食用价值远没有鱼虾类大，在宴席上，鱼虾可登大雅之堂，而海藻却被认为是低等的食物。这种观念的转变，还需要加强对海藻所含营养成分的认识。另一方面，人类在收获海藻的能力上并没有下大工夫，如果像获取海底矿物、油气那样卖力，海藻的产量就会大大提高。不管怎样，海藻成为人类的“第三种粮食资源”是大势所趋。

2. 人类餐桌上最美好的食物

鱼，是海洋的主要生物，也是人类饭桌上最早的佳肴之一。

鱼的种类很多，现已查明的种类有 2 万多种，其中海洋鱼类约有 1.2 万种（图4）。

据专家估算，海洋的总体积约为 13.7 亿立方千米，浩瀚的海洋为生物生长提供了最广阔的场所。生物资源中，食用价值最大的是鱼类。

世界上有 4 大海洋渔场：

北太平洋渔场。从黑潮和亲潮相汇的日本近海，直到阿留申群岛、阿拉斯加等广大海区，盛产大麻哈鱼、鳕鱼、螃蟹、鲽

图4 海洋中的各种鱼类

鱼、虾、鳕鱼、狭鳕等。

东北大西洋渔场。渔获物主要有大西洋鲱鱼、鳕鱼、黑线鳕、鲐鱼、毛鳞鱼和头足类、虾类等。

西北大西洋渔场。主要渔场从前是在美国北部和加拿大相接近的纽芬兰岛附近，现在已经向北延伸，一直扩大到格陵兰岛的西岸。其渔获物大体与东北大西洋渔场相同，其近岸盛产虾类。

秘鲁沿海渔场。这个渔场是1958年开发的，它的形成是由于秘鲁海流和上升流的作用，使大量的磷酸盐和其他营养盐类不断上升，形成了世界上第四大渔场，主要盛产鳀鱼。

其他渔场有中国沿海渔场、东非沿海渔场、澳大利亚东海域的渔场等。

渔业生产和农业、畜牧业生产相比，投资少、收效快。所以，世界渔业的增长幅度比农牧业大。

近些年来，中国重视了远洋捕捞业，捕捞作业能力也大大提高，再加上近海养殖业的发展，人们的菜篮子将更加丰富，人们餐桌上的蛋白质含量也得到了改善。

3. 世界未来的食品库

南极磷虾之所以被称为世界未来的食品库，是因为它有着惊人的资源量。南极磷虾的总量约有 50 亿～60 亿吨，即使每年捕捞5000 万吨到 1 亿吨，也只不过相当于南极磷虾总量的 1%～2%。南极磷虾的繁殖速度极快，年增长率大于5%，而人们的捕捞能力却低于磷虾的繁殖能力。对南极磷虾渔业的发展，人类寄予了极大的希望。从 1961 年开始，一些国家相继到南极试捕，包括苏联、日本、波兰、法国等。

南极磷虾的寿命不长，一般 3 年，它们完成了繁殖任务后，就死去了，自溶到海水里，造成了浪费，但对海洋来说，它们又是“肥料”。南极磷虾生活在 100 米以上的水层。它之所以叫“磷虾”，是因为它的身体在夜间能发出粼粼荧光。它的形状近乎黑海中的透明虾，外表呈金黄色，体内生有微红色的球形发光器，每当夜晚群游时，能散发出一种蓝绿色磷光。

南极磷虾可以直接烹调，或者掺在面粉中加工，或者通过各种技术处理做成世界上最有营养的食物之一。用南极磷虾可以加工成饲料或肥料。此外，南极磷虾在工业和医疗卫生方面也很有用途。它能够治疗溃疡病和动脉硬化以及用以促进人体组织的再生能力。

南极磷虾，被人类称为“是人类最后阶段的最大水产资源”。对生活在遥远南极的南极磷虾，人类由最初的试探捕捞到大规模捕捞，经历了一个相当长的历史阶段，南极磷虾之所以能在冰冷的南极洲生活，是因为它体内有一种叫做糖蛋白的物质，能够使自己体内的液体冰点下降，因而它能得以生存、发展。适者生存，这也是规律。

南极磷虾是南极海域鲸的天然食品，那地方曾没有人类的足迹，鲸的生存靠南极磷虾。到 20 世纪初，人类捕杀鲸的能力提高，鲸遭到空前的屠杀，这就使南极磷虾的天敌大量减少。南极磷虾繁殖极快，一只虾可产卵 3000 余子。它们成群地活动，远远看去就像沙滩。早些年，英国探险家库克曾在望远镜中发现了这种由南极磷虾组成的绛紫色的“沙滩”，他以为发现了新大陆，等他靠近时，“大陆”忽然消失，这“大陆”就是南极磷虾群。

南极磷虾的迅猛发展给南极的生态平衡造成了问题，在南极海域，一些依靠海洋微生物维持生机的鱼类处在饥饿状态。改变这一状况，就是靠人类对磷虾的捕捞，以解决日益严重的南极生态平衡问题。

南极磷虾有着很高的营养价值，它含有丰富的脂肪，维生素 A、维生素 B 和磷、钙等矿物质，所含的高蛋白质中蕴藏着人体极易消化的氨基酸。许多国家的科学家曾估计，如果每年捕捞 7000 万吨磷虾，可为全世界 1/4 的人口每天提供 20 克蛋白质。所以，南极磷虾资源也被喻为人类未来的蛋白资源仓库。

4. 开辟蓝色牧场

草原牧场，对任何人来说都是不言而喻的。

海洋牧场，对人类来说，还不是人所共知的。

长期以来，人们依靠古老的、传统的捕捞方式来获得鱼、虾等海产品。尽管人类已经掌握了较好的捕捞规律，但是，一网下去一场空的时候还常常令人们失望，在追逐鱼群的过程中，人们也常常感到捕捞之艰难。

长期以来，人类在内陆淡水养鱼和围海养鱼中，探索了一定的养殖经验，但是，这离在海洋上开辟牧场还有相当大的距离。

因为，在海洋牧场上，人类是很难限制鱼类的行动的，鱼类是不会按人的意志老老实实待在某一固定区域，等待人类去捕捞的，这自然是开辟海洋牧场的最大难题。海洋牧场一词，是由陆地的草原牧场、森林牧场等引申过来的。到 20 世纪 50 年代中期，资源贫乏的岛国——日本最先使用了这个新名词。

鱼类的繁殖和生长是依赖海底的地形结构的，如果这种地形和结构遭到了破坏，鱼类就会迁徙。生活在巴伦支海中的红鲈鱼和鳕鱼，就因为在 19 世纪末这一带海域的底层被拖网破坏，海底结构和海底植物受损，使它们失去了必要的生活条件和饲料。

在意大利热那亚沿海，意大利人把 1000 多辆废弃的汽车投到海底，过了一段时间，这些旧汽车周围长满了水下植物，许多鱼、虾及海洋动物被吸引到汽车周围。这些作为鱼礁的汽车周围，成了人们高产的捕捞基地。

在美国的一座钻井平台周围，最先引来了一批较小的鱼虾，没多久，大鱼也来了。很快，这一带海域成了一个繁荣的鱼的世界，奇怪的是，等钻井平台撤走，鱼群也消失了。

这给了人类许多启示，建造人工鱼礁就等于开辟了海洋牧场，这种海洋牧场像磁石一样把鱼类吸引过来。

1953 年，美国在亚拉巴马州的外海，投下了一些废旧汽车，造成了一个人工鱼礁。结果，在这片海域里产生了意想不到的效果，以前一条鱼也钓不到的地方，如今竟能钓到大鱼，一网下去，也能捞到一些譬如鲈鱼、军曹鱼等稀罕鱼类。但是，这种繁荣景象持续了只有 5 年，以后，鱼类渐渐没有了，人们潜到海底，才发现那些废旧的汽车因海水的侵蚀，已经溶化消失了。

在日本和美洲的一些沿海国家，也利用废弃的工业物品以及水泥桩等建造海底鱼礁（图 5）。过去没有鱼的地方，建造了人

图 5　海底人工鱼礁

工鱼礁后，这里的捕鱼量提高了 10 ~ 20 倍。

第一次世界大战期间，在美国东海岸被炸毁沉没的“圣迭戈”号巡洋舰，成了天然的人工鱼礁。在“圣迭戈”号沉没的那些年里，这里每年都多捕捞价值10万美元的鱼类。

墨西哥湾海底石油资源是无比丰富的，但渔业资源却令人失望。1950年，美国路易斯安那州的渔民在这个海湾的捕鱼量不过15万吨。可是，1950～1970年的20年间，这个海湾出现了1万口以上的油井。从那个时候起，捕到的鱼明显增多，那些林立的钻井平台，将远海的鱼类吸引了过来。

鱼类寻找人工鱼礁，原因并不深奥，这些人工鱼礁，利于鱼类隐蔽，海中猛兽袭击它们时，有人工鱼礁阻碍，猛兽难以发挥威力。同时，人工鱼礁上生长出一些藻类，这些藻类是鱼类的饵料。

海洋牧场的开辟除了设置人工鱼礁外，还有一种方法就是为鱼类建造一个固定的“家”。

日本四面环海，但大陆架浅海区太狭窄，渔业资源很贫乏。聪明的日本人从1950年起，就开始为鱼类建造“家”。位于东京湾口的横须贺市鸭居区，1956～1958年为鱼类建造了200多间新居，1965～1968年又增加了715间。结果，日本人达到了预期的目的。目前，日本人已在3300个地点为鱼类建造了78.7万间新居。建造这些鱼类新居，要付出昂贵的代价，但日本人所收获的价值，远远超过其投资。

鱼类牧场已成为许多国家的新生产领域，并为人类提供了大量的鱼产品。那么营养丰富的牡蛎类能不能在海中人工养殖呢？

牡蛎采集和养殖最先出现在法国，后来传到整个欧洲。1967年，仅在大西洋沿岸阿尔卡雄到埃居翁之间就收获了5亿个牡蛎。在西班牙和葡萄牙的贝类养殖场中，或是把牡蛎放在吊篮中吊养，或是用绳拴起来系养。

海洋牧场的另一方法是“移植”。

人类用人工培育鱼的幼苗，待生长到一定大小后，放流到自然水域成长，借以增加资源，提高海洋生产力。这一做法，日本人称其为“栽培渔业”，欧美则称为“增殖业”。人类在100多年前就开始了人工培育和放流海洋鱼、贝和虾种苗，到20世纪70年代，这种事业得到迅速发展。增殖方法主要有3种：一是自然放养，这种方法是把刚孵化出的幼鱼放流到沿海水域作为资源增殖的一种方法；二是粗养，即采取自然纳苗，饲养一些河口鱼和洄游性鱼类；三是围养，由人工养殖幼苗，控制产卵和受精。另外，世界水产新的养殖技术方法还有海水网箱养殖和网围养殖。

在这方面，日本人做得较为突出。早在1888年，日本人就在北海道创建了第一个鲑鳟鱼孵化场。1963年，成立了濑户内海栽培渔业协会。1975年，在冲绳国际海洋博览会上，日本人又提出了海洋牧场的新构想。1982年，制订了为期9年的海洋牧场实施计划。

目前，北海道和本州已建立孵化场220所以上，每年放养大麻哈鱼类种苗约14亿尾，与开辟海洋牧场之前相比，捕获量提高了6倍。

在苏联，里海每年产鲟鱼类3万～4万吨，因兴修水利，阻碍了生殖洄游通道，结果使鱼类资源遭到了破坏，后通过人工放流增殖，又恢复了渔业生产。另外，他们还把太平洋水域的大麻哈鱼和驼背大麻哈鱼移植到了欧洲水域，并获得了成功。目前，俄罗斯在太平洋的库页岛每年放流大麻哈鱼类种苗近10亿尾。

日本的濑户内海，兴建了综合性的大面积海洋牧场，放流种类达20种左右，其中鲷、对虾、梭子蟹等的放牧取得了显著的经济效益。此外，日本的科学家还在临太平洋的高知县试建了外海型的黑潮牧场，投放使用了备有太阳能自动洒水装置的大型浮鱼礁，可诱集鲣、金枪鱼、蜞鳅等十几种鱼，为国际上外海牧场的开辟提供了宝贵经验。

2011年5月24日，随着200个混凝土人工鱼礁礁体被慢慢投入三亚蜈支洲岛海域，标志着中国首个热带海洋牧场正式开建，未来海洋渔业部门还将利用这里的自然海洋生态环境，建设大型人工海洋渔场，增加海洋渔业资源。

建设海洋牧场是时代发展的需要，是由自然集捕型旧渔业向增殖型新渔业的转变，是人类与海洋打交道“悟”出来的经验。海洋牧场的兴起，将为人类开发海洋生物，使面临资源日趋贫乏的海洋渔业生产带来新的活力。

随着海洋牧场的开发，一些先进的技术和设备也将应运而生，用不了多久，海洋牧场这个在今天看来是陌生的词，会让人类熟悉起来。

四、 五彩缤纷的藻类

海洋中的藻类不仅可以食用，可以提炼药物，而且还可以提炼矿物质，更令人惊讶的是，它还可以“生长”出石油来，这是多么奇妙呀！

这是人类重要的原料仓库。

这是以后人类赖以生存的资源。

1. 琼　胶

红藻，在海洋生物中被认为是最美丽的生物之一，尤其是角叉菜，更是丰姿多彩。其形状如同海石花，造型美观。其色彩各异，有红色的、紫色的、褐色的和绿色的。由于红藻含有叶绿素，所以它能够进行光合作用。在许多红藻中，譬如石枝藻内，既含有碳酸钙，又往往含有丰富的镁和蛋白质及纤维素，石枝藻是珊瑚礁生长所必需的主要藻类之一。从这类藻中，能够提取大量的琼胶。

从红藻中提取琼胶并不复杂。加工时先把杂质洗干净，干燥以后放在阳光下漂白处理，经过高温后，红藻呈黏稠状溶液，将溶液过滤后，再采取冷却措施，就成了胶冻。商品琼胶呈淡黄色，有的制成 3 ~ 4 厘米厚的平板，也有的制成 30 厘米长的细条。

琼胶的特性是在低浓度时凝脂强度高，溶解时黏性低，并且透明，适于食品加工、化妆工业、制药等。现在世界上有许多国家，特别是在日本、俄罗斯、斯里兰卡、印度等国家都利用不同种类的红藻提取琼胶。

俄罗斯已有多处生产琼胶的工厂，年产量很高。在俄罗斯沿海，已经发现的可提取琼胶的藻类，已有 130 多种，红藻伊谷草是其中最有价值的一种，其产地主要是在太平洋和白令海沿岸。俄罗斯敖德萨琼胶工厂还用育叶藻属的藻类作原料生产琼胶，生产成本低廉。这类海藻生长在近海，捞取很方便，且产量高。这家琼胶厂还利用黑海大量生产藻类，用以制造叶红素。叶红素是一种在植物和动物细胞中最容易扩散的红黄色物质，到目前为止，这种红黄色物质还多是从胡萝卜和棕榈油中提取，它可在人及动物的组织中变成脂溶性维生素 A，这类工艺很复杂。据计算，提取 1000 克这种珍贵的维生素制剂约需 70 吨的胡萝卜，成本极高，而用海藻提取，所需量低，成本也降低了。

琼胶在食品工业方面得到了广泛应用，它主要用来生产果酱、乳脂、肉膏、水果汁等配料。在制作冷食中，只要加进 0.2% 的琼胶，就可使冷食变得美味可口。琼胶还可使奶粉加速溶解，可以阻止牛奶结块，可以阻止水果糖变沙。它在食品工业中起胶化剂和稳定剂的作用。

由于所有的胭脂、护肤膏和乳脂等制品都必须保持均质、柔软，所以，琼胶成了化妆品中不可缺少的原料。在医药工业中，琼胶也被广泛用于制造药物，人们常见的乳剂、散剂、胶囊和硬膏等，都有不同含量的琼胶。可以说，琼胶已成为人类生活中不可缺少的一种物质。

红藻中提取出来的甘露醇是一种结晶醇，主要用在细菌培养上，在医药学上也有应用。从“爱尔兰低地”中捞取的角叉菜海藻和乳头杉海藻含胶量极大，这类海藻在摩尔曼斯克到直布罗陀都有生长，在工业上主要用于上光剂和黏合剂。

甘露醇可以代替葡萄糖作细菌培养基，在轻工业生产领域中，用途也很广泛；塑料泡沫的化学合成剂中，甘露醇起到黏合和弹性作用；在石油工业中，可用作破乳剂等。

2. 褐藻胶

1880 年，英国化学家斯坦福在褐藻中发现了一种易提取的有机酸胶体，他把这种酸称为褐藻酸，把这种酸的盐称为褐藻胶。

褐藻在藻类中属最高级的类型，它是海洋中特有的植物。其中，海带和马尾藻是褐藻中最常见的两个种类，有些褐藻如巨藻和囊叶藻可长到 50 米以上，褐藻通过固着器牢固地固着于海底。

从固着器蔓生出来的一根圆形空心藻柄，一直伸展到海面或接近海面。在藻柄的末端，生有一个充气球，给植物以浮力。从充气球蔓生出的一些海藻叶片，在海洋中进行光合作用。

褐藻，是海洋中碘和钾的重要来源。

1945年以后，英、美、苏、日、法、挪威等国大规模地从褐藻中提取褐藻胶，其他国家也进行了小规模生产。现在，世界上褐藻胶生产不断提高，年产量达几十万吨。

溶解的褐藻胶在食品工业上用途很大，用它可以使鲜花的鲜艳期延长，加到啤酒中可以使啤酒长期储存而不变质。由于它具有易溶解性，可用它来包装食品，制造肠衣，可做汤和点心的添加剂。在许多副食店，人们把鱼和肉保存在褐藻酸钠中，保鲜可达1年以上而不变质。褐藻胶的用途远不止这些，据统计，它有800多种用途，用它可以生产人造革、软去油布和硫化硬化纤维素。褐藻酸的盐类还可用来生产纸张和薄木板、不透水的纺织物等。船体被贝类吸附的问题，也可用褐藻胶溶液解决。其办法是将水下的船体部分涂上褐藻胶溶液，贝类就不会再附着在上面了。

褐藻胶纤维材料已在化学工业中崭露头角，这种材料是以褐藻酸或这种酸的金属盐为基础生产的。人们用长纤维来制造褐藻胶人造丝，不易燃烧的褐藻胶重金属盐纤维可用来纺织和染色。

褐藻胶的出现，对化学工业来说有着非常重要的意义。但是，它的生产还很不平衡，生产量也不大。

除红藻和褐藻已被人类较广泛地应用外，其他藻类也有很高的开发价值。

绿藻也是一种有开发价值的藻类，由于绿藻要靠阳光进行光合作用，所以它含有很高的叶绿素。常见的绿藻是石蓴和仙掌藻，这两种海藻分泌碳酸钙，它们死亡之后，便为海底提供大量的沙粒状碳酸盐，成为将来构成灰岩的原料。另一种绿藻是画笔藻，其状如画笔，生有许多小针形碳酸钙晶体，这些晶体乃是碳酸盐沉积的原料。

硅藻是一种单细胞藻类，它有两片硅质壳，一大一小，像盒子一样套在一起，这个壳体就叫做藻壳。硅盒内还有叶绿体，硅藻通过所含的这种色素吸收阳光，把二氧化碳和水转换成有机物质。在硅藻死亡后，硅盒便沉到海底，形成大量含有硅的硅藻软泥沉积下来，经过较长的地质时期以后，硅藻软泥又固结成稀有的过滤物质——硅藻土。

还有一种藻叫甲藻，甲藻为自养生物，它们的体内含有叶绿素。有许多甲藻还能摄取一些特殊的物质，只有少数几种甲藻是异养生物，但这些异养生物缺少色素，靠获取海水中溶解的有机物的能量为生。甲藻往往产生大量的胞外物质，而且大部分胞外物质被收集在一个胶质球内。

蓝藻含有大量的色素——藻红素，因而在它漂于海面时，呈现出红色。这类藻多生长在红海、印度洋和爪哇海，有时沿海岸连绵数里。

藻类的各种潜力还很大，目前可以说仅应用、挖掘了一部分，随着科学技术的进一步发展，人类利用藻类的能力将大大提高。

3. 用海藻提取重金属

海藻的功能是很奇特的。

有些海藻具有从海水中吸附金、银、钴等金属离子的特性，这种特性，使苦苦寻觅稀有金属的人类茅塞顿开。

人类起先是注重从海水中提取稀有金属的。海水中含有 80 多种可以利用的元素，其中每吨海水含金量大约有 4×10^{-6} 克。这是一个很不高的含量。

按目前的技术工艺，从海水中提取黄金，是很不合算的，提取 1 千克黄金所付出的代价，远远超过 1 千克黄金本身的价格，这种不合算的劳动，使人类望而却步。

日本人利用有些海藻能吸附稀有金属的特性，采取一种新工艺使海藻在一两分钟内吸附大量的稀有金属。然后通过调整海藻种类、氢离子浓度、金属离子浓度以及其他环境条件，并且适当地进行加工处理，使稀有金属分离出来。

据计算，从海藻中提取黄金，可以大大降低成本，工艺要求也没那么严格。研究人员对裙带菜、海带、海虎尾、犬牙绿紫菜、茶色海藻和小球藻等海藻进行试验，结果令研究者很受鼓舞。小球藻和海带对金吸附效果最好，它们能在 1 分钟以内吸附 50% 的金属离子；海带和海虎尾对钴吸附效果极佳；小球藻对银的吸附效果也令研究者赞叹不已。

目前采用的方法是使用离子交换树脂和活性炭在水溶液中吸附和分离这些稀有金属。

人类绝不满足已经取得的成果，今天所取得的成果，过多少年后，可能会被后人认为微不足道，但就像人类最初发现新大陆一样，这种发现将为后人的发现作铺垫、打基础。总之，人类与海洋息息相关，与海洋不能分隔，与海洋同呼吸共命运，这一点，已经越来越被人类认识到。

4. 在海上种植石油天然气

藻类不断地生长，不断地死去。一种特殊的细菌先是在藻类上生长，形成了石油物质，在漫长的地质过程中，这种特殊细菌分解生物体中的有机质，这些有机质最后演变成石油，深埋在海底。

聪明的人类之所以聪明，就是有异想天开的好奇心。确实，人类如果不“异想”，“天开”就不容易，人类的科学技术就难以向前发展。加拿大生物学家曾异想天开过，他们根据藻类本身所含的物质，提出了水上种植石油的设想，这一“异想”，确已得到“天开”。他们把一些细菌放在生长很快的藻类上，石油就生长出来了。多伦多的一个实验小组用细菌加速了石油的演变过程，用几个星期的时间，代替了几百万年的自然的漫长岁月（图6）。

图 6　海上藻类形成石油物质

人们计算过，在一个池塘里，3 平方千米的藻类每年可提供 100 万桶石油，相当于 1 万辆汽车各行驶 15 万千米所消耗的燃料。1977 年，在美国召开的第九次国际海藻会议上，对巨藻的增殖问题进行了认真的讨论。美国提出了用巨藻制造甲烷的设想。他们采用的办法是先在养殖场里种植巨藻，收割后，通过陆地上的某种装置由细菌分解成甲烷。甲烷是天然气的主要成分，可代替石油或煤为能源。据估计，以目前天然气的价格计算，0.1 公顷养殖场 1 年所获得的天然气收入就达 60 万美元。如果以光合作用的太阳能转化效率为 2% 计算，用面积相当于美国陆地面积的 5% 的地方养殖藻类，所生产的甲烷就可满足美国全国对天然气的需要。

这是一件极鼓舞人心的事，给人类的能量来源带来了希望，人类“异想”在海上建立农场、牧场和海上联合加工厂的序幕从此拉开了。

美国加利福尼亚圣迭戈海军海洋系统中心的H. A. 维尔柯克斯博士，被美国人称为独具慧眼的科学家。他认为，在海洋里，还有一个充满气体、营养物质、盐类和其他矿物质的庞大的生命维持系统。在这个生命维持系统中，溶解氧维持着大大小小、形形色色的海洋动物的生存；而溶解的二氧化碳则养育着各种各样的海洋植物。20世纪70年代中期，维尔柯克斯博士组织了一支由海洋学家、海洋工程师和潜水员组成的队伍，在美国海军的支持下，在太平洋圣克利门蒂岛近海12米以下的阳光充足的水中，设置了世界上第一个海洋能源农场。在这里，人们种植了加利福尼亚巨藻。

维尔柯克斯博士认为，巨藻能量一半以上可以转化为燃料，即转化成甲烷，如果开辟一个4万公顷的巨藻农场，那就可以为一个不小的美国城市的居民提供足够的能源。

维尔柯克斯快速地工作着，他和其他实验人员一起把巨藻从营养丰富的浅水里移植到营养不足的深水里。为了让巨藻在深水中能生长，他们造了一个很大的木筏子，用聚丙烯绳子将筏子交叉绑住，沉没在离海面12米深的水中，再用长缆绳子将它锚定在90米深的海底。

巨藻是藻类中最主要的一种，它们在海洋里长得跟陆地上巨大的红杉一样高，也能够长成茂密的森林。当一棵巨藻站住脚后，它就开始向上朝着有光的方向生长，当长到水面时，它那发光的褐色叶子由小小的气囊支撑着，开始向阳光照耀的海面伸展出来，像飘带一样在海面上漂荡。太阳能通过这些叶子转化为化学能，这种转化过程就是光合作用。

为了使巨藻在深水中尽快地生长，实验人员采用抽海底水的办法来给生长在水下的巨藻施肥，因为海底分散着动植物的残骸，含有丰富的营养元素，这些海底水为巨藻提供了足够的肥料。

在进行第二阶段的实验时，他们在中心浮标上建起了一个平台作为海上农民的生活区，并建立了加工厂和储存室及航海控制台。在这个系统里，还有一个直升飞机升降台和一艘收割船。

巨藻生长很快，收割船像一部巨大的割草机在沉没于水中的田地上缓缓移动，巨藻的叶子全部被砍断拖到船上，经部分脱水后再送到加工厂。这种巨藻 4 个月就可收割，收割后不必重新种植，马上又生长出新的，亩产量达到 300～500 吨。

维尔柯克斯曾说：“不需要什么先进的技术，只要把巨藻剁碎就能生产出甲烷。”

海洋能源农场不会对地球产生热污染。研究者认为，巨藻从太阳光中吸收的能量，在转化为甲烷或乙烷以及其他产品被烧掉后，燃烧的热量和巨藻吸收的能量互相抵消，整个地球的热平衡将不会打乱。而除去种植的石油燃烧的热量外，其他物质的燃烧会把地球的温度提高大约 1℃～2℃。

人类中的大部分还没认识到海洋植物能够产生能源。维尔柯克斯和他的实验队的成员们，力求让人们懂得海洋能源农场的重要意义。目前，美国能源部、通用电器公司、美国天然气公司、全球海洋发展公司及大学教授、环境学家和一些提供资金支持海洋能源农场的团体和个人，都肯定了维尔柯克斯的功绩。人类已经认识到，从巨藻中生产石油，是人类下一步能源的最好来源，而且提取技术简单，经济上也没问题。

能源的研究开发工作，越来越受到人类的重视，聪明的人类已认识到，由于从地下挖掘的矿物质越来越少，海洋能源农场的开发，是极为有意义的。

序幕拉开了，舞台上的戏就要开始了。

五、向海洋摄取“生命之泉”

1. 干渴的土地在呼唤

久旱无雨，田地龟裂，禾苗焦枯，干涸的河流、池塘旁横陈着渴死的野兽、牲畜。这是20世纪80年代东北非埃塞俄比亚大干旱的情景。这个国家由于连年干旱，加上内战，10年间已有100多万人饿死，数百万人瘦骨嶙峋、营养不良。

水，人类的“生命之泉”；水，社会经济发展的“血液”。动物包括人在内，身体70%的成分是水，人不吃饭可以维持几天，不喝水就维持不了多久。难怪人们都把对最美好的东西的追求形容为“渴望”。

水是人类生存和社会发展的必需条件，按用量标准最高的国家计算，每人每年需要1500～1800吨水；工业上生产1吨合成橡胶需2500吨水，炼1吨钢要100吨水；农业上生产1吨稻子要5000吨水。但无论生活用水还是工农业用水都必须是淡水。随着工农业生产的发展和人类生活水平的提高，对淡水的需求量不断增加。预计到2025年时，全球生活用水量不足地区的人口，将由1990年的3.35亿激增至30亿。

据联合国统计，地球总储水量约为13.6亿立方千米，但其中97.5%为海洋咸水，陆地上的淡水约占2.5%。淡水中又有约70%在南极、北极和雪山冰川，实际可利用的淡水只占淡水总量的0.34%。地球上的淡水主要来自降雨，而各地的降雨量是不均衡的，且降雨时间分配也不均匀，雨季降水集中，难以大量贮存，单靠雨水远远不能满足人们的需求。另外，现有的淡水源有不少正在或将要受到污染，据概算，全世界每年有4200亿吨污水排入河流，从而使本来就紧缺的淡水，又亮起了“红灯”。

江河并非万古流！联合国曾向全世界发出警告：“水，不久将成为一个深刻的社会危机，石油危机之后的下一个危机便是水！”

实际上，干渴的阴影已经笼罩世界。20世纪50年代淡水不足的只是中东等干旱沙漠地区。60年代以来，欧美和日本等工业稠密地区也感到淡水不足。日本号称多雨之国，尽管平均年降水量1800毫米，但据推算，即使再建480个水库，最大限度地利用河水，每年仍大量缺水，仅东京地区每年将缺水31亿吨。现在全世界约有1/3的人生活在中度和高度缺少的地区，并且有1/6的人得不到卫生的水，每天大约有6000名儿童死于饮用不卫生的水所引起的疾病。

中国的河川径流量居世界第6位，但淡水的人均占有量居世界第88位，仅及世界平均水平的1/4。目前，中国不少地方，已拉响了缺水“警报”。全国城市平均每天缺水量为2000万吨以上，有300多个城市被列为水资源匮乏城市，其中40多个城市严重缺水，许多城市不得不限时限量供水，一些企业因用水不足而停产或半停产，造成的经济损失每年达200亿元。

面对波及全球的水荒，为了寻求淡水资源，许多国家采取了不少措施，有的开采地下水，但过度开采又会造成地面下沉和海水侵入的危险；有的将污水净化重复使用；有的就近引水或跨流域调拨水，像中国的“南水北调”、“引滦济津”、“引黄济青”、“引碧流河水济大连”等；有的在河口、海湾修水库，最大限度地保留和利用淡水；有的研究防止水面蒸发和直接利用咸水（包括海水）进行农田灌溉等。

这些办法，基本上都属于“节流”，且有许多局限性，都不能增加自然界的淡水量，难以满足人们生活水平的提高和工农业生产发展对淡水的需求，也难解日趋加重的水荒。于是，人们想方设法“开源”，把目光理智地转向了占全球水源97%的海洋，向海洋索取“生命之泉”，成了人们科学实践的最重要课题。

有人预言：“在不太远的将来，人类从海水中提取的最重要的化学物质，很可能就是水。”

2. 苦咸海水变甘泉

古时候，当人们在茫茫大海上艰难地航行，面临着淡水告罄的威胁时，人们多么希望能有一个圆桶似的宝贝，只要将它往海里一放，那苦涩的海水就变成甘甜的淡水“咕咚咕咚”往上冒，让干渴的船员们喝个饱。最先提出这个大胆而美妙设想的，是中国宋朝一个名叫周密的人。他写了本《癸辛杂谈》，书中描写了一个会造淡水的“宝贝”的故事。

故事说，有一家杂货店放着一个奇特的东西。说它像缸，可没有底；说它像烟囱，可又太大；而且它既非竹也非木，既非金属亦非砖石。有一天，一名海船商人路过此地，发现了这一奇物。他看了又看，摸了又摸，舍不得离去。店主走来，问商人买不买此物。商人忙说：“买！你要多少银子？”店主想敲竹杠，就说：“这是我家祖传宝物，非十两银不卖。”商人二话没说，付了银子，就叫人将奇物抬走。店主纳闷，问道：“你花那么多银子买此物何用？”商人告之：“此乃一宝物，名字叫‘海井’，是一口专造淡水的井。只要将它放到海里，不愁没有淡水喝。”说完，他又取出100两银，赠给店主。

随着科学技术的发展，今天人类已造出海水淡化机，将古人“画井解渴”的美好愿望变成了现实。

我们知道，海水含盐量太高，平均在千分之三十五左右，而日常生活用水的含盐量在万分之五左右，工农业用水的含盐量有的可以稍高一些，但也不能高于千分之三。要使海水像溪水那样甘甜爽口，就要脱掉海水中的盐分。脱盐，就是人们通常所说的“海水淡化”。

海水和苦咸水淡化，可以追溯到公元前400多年。那时，希腊哲学家柏拉图已经认识到，如果用植物性材料过滤苦咸水，盐就会在材料上面贮存起来。亚里士多德早已知道：由盐溶液中蒸发出来的蒸汽冷却凝成水珠以后可以饮用。另外，普利纽斯在他的《自然史》中也这样写道：“航海者在作较长时间的海上旅行时，把海水装在陶罐中，使其蒸发，在罐盖上会出现冷凝水，便可以收集利用。”后来许多的航海者，特别是在罗马的船上，缺水时，都用蒸发法来制取淡水，供人们在航行中饮用。当年罗马帝国曾经用简单的蒸馏器提取淡水供被围困在埃及亚历山大的罗马军队饮用。

历史上第一次有记录的船用淡化器是 1606 年在西班牙大帆船上使用的。而在船上广泛地进行海水淡化，是 19 世纪末。那时，蒸汽轮船发展起来了，为了满足锅炉用水和一部分饮用水的需要，轮船上普遍安装了制造淡水的蒸发器。世界上第一台固定式淡化装置，于 1877 年在俄国巴库建成。此后，在欧洲及其他干旱国家也相继建立。

当然，上述种种海水淡化的器具和手段，还处于“初级阶段”。现代意义上的海水淡化则是在第二次世界大战以后才发展起来的。战后由于国际资本大力开发中东地区石油，使这一地区经济迅速发展，人口快速增加，这个原本干旱的地区对淡水资源的需求与日俱增。而中东地区独特的地理位置和气候条件，加之其丰富的能源资源，又使得海水淡化成为该地区解决淡水资源短缺问题的现实选择，并对海水淡化装置提出了大型化的要求。在这样的背景下，20 世纪 60 年代初，多级闪蒸海水淡化技术应运而生，现代海水淡化产业也由此步入了快速发展的时代。20 世纪 60 年代以后，在已经开发的二十多种淡化技术中，蒸馏法、电渗析法、反渗透法都达到了工业规模化生产的水平，并在世界各地广泛应用。

目前，全球海水淡化日产量约 3500 万立方米，其中 80% 用于饮用水，解决了 1 亿多人的供水问题，全球有海水淡化厂 1.3 万多座，海水淡化已遍及全世界 125 个国家和地区，沙特阿拉伯的海水淡化厂占全球海水淡化能力的 24%。阿拉伯联合酋长国的杰贝勒阿里海水淡化厂第二期是全球最大的海水淡化厂，每年可产生 3 亿立方米淡水。

海水淡化的方法到目前已有 20 多种，主要有蒸馏法、电渗析法、反渗透法、冷冻法等。其中前三种方法已投入工业规模的生产，特别是多级闪蒸、多效竖管蒸馏法和蒸汽压缩法技术工艺比较完善。

蒸馏法顾名思义，就是将海水加热沸腾变成不含盐分的蒸汽，蒸汽遇冷后凝聚成水珠汇集成淡水。蒸馏法海水淡化技术研究历史较长，在供水方面应用最广、起的作用最大。蒸馏法装置的类型有单级闪蒸式、多级闪蒸式、薄膜竖管式、浸管式等，其中多级闪蒸式蒸馏法无论其装置数量还是其造水能力均居首位。

什么叫做多级闪蒸法呢？大家知道，水在 1 个大气压下，要到 100℃才沸腾，若低于 1 个大气压，那么不到 100℃也就沸腾蒸发了。由此可见，水的沸点随着气压的降低而降低。这样，如果把加热到一定温度的海水（即使不到 100℃）引至一个压力较低的设备中，海水便急速蒸发，这就叫闪急蒸馏。根据这个原理，人们设计了一组连接的蒸馏隔室，这些隔室的压力依次降低，海水流经这些隔室时，依次进行闪蒸。最后，含盐高的溶液从下面流出，隔室上面的蒸汽冷却汇集成淡水从管道中流出。上面每个隔室为一级，所以这种方法就叫多级闪蒸法（图7）。

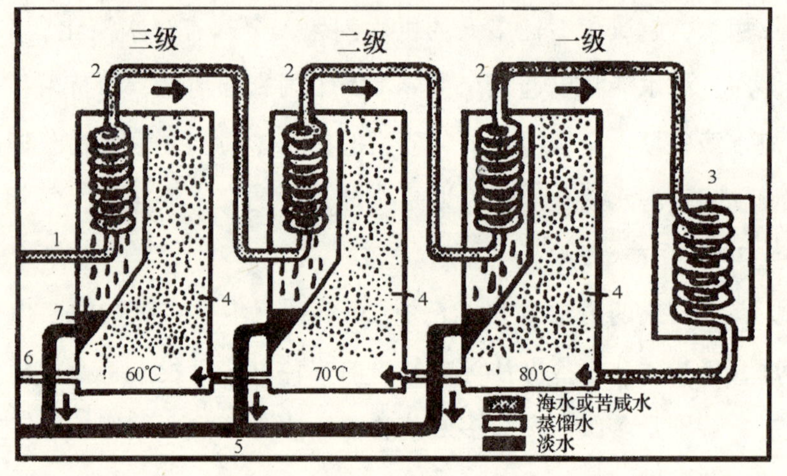

图7　三级蒸发装置模式图

1. 海水或苦咸水　2. 冷凝器　3. 加热管

4. 自动蒸发　5. 淡水　6. 盐水排除　7. 冷凝物

与其他方法比较，多级闪蒸法的优点有：不在加热面上进行蒸发，所以设备结垢轻；温度较低，可以充分利用低温热源，燃料和动力费用较少；造水比例相当大，淡化水的成本低；结构较简单，操作方便，运行可靠，操作和维修费用较少。因此，多级闪蒸法是目前世界上海水淡化比较成熟可靠的方法，使用最为广泛。

电渗析法。什么叫电渗析呢？为了说明它的原理，先介绍离子交换膜。离子交换膜分阳离子交换膜和阴离子交换膜两种（以下简称阳膜、阴膜）。阳膜表面带负电荷，阴膜表面带正电荷。根据同性相斥、异性相吸的原理，带负电荷阳膜的表面排斥阴离子，而让阳离子通过；带正电荷的阴膜则恰恰相反。如果我们将阴、阳离子交换膜交替地排列成多室电渗槽，并在膜组两端配置阴、阳电极，阳极一侧以阴离子交换膜开始，阴极一侧以阳离子交换膜终止，当海水通入后，在膜组两端加上直流电压。这样，海水中的阳离子向阴极迁移，阴离子向阳极迁移。由于离子交换膜对离子有选择透过的性质，那么，海水中的钠离子和氯离子作为盐溶液从膜间室中流出，脱盐的淡水也通过专门的管道流出。

这种方法关键取决于膜的发展状况。离子交换膜有的用空心纤维，有的用塑料，目前投入使用和正在研制的膜有几十种。中国从20世纪50年代就开展了对电渗析和离子交换膜的研究。目前，生产的离子交换膜质量指标接近世界先进水平，已生产出各种类型和大小不同的电渗析淡化器，国家海洋局第二海洋研究所1981年研制的中国最大的电渗析淡化器，每天产淡水200吨。该装置已在中国西沙群岛投入使用，其淡化的水质符合国家规定的饮水标准，生产成本只有用水船运水成本的1/5。

反渗透法。这是20世纪50年代为淡化海水而提出来的一种膜分离方法。20世纪60年代由于研制出了高通量、高脱盐率的不对称醋酸纤维素膜，使反渗透法达到工业应用程度。那么反渗透法的原理是什么？我们不妨先做个试验，把一个半透膜的袋子（如猪的膀胱膜或其他人工合成膜，这种膜可让水通过而不让盐分通过）盛上盐水，放在盛有淡水的槽中，并使袋中盐水面与槽中水面相平。过一会儿，就会发现袋中盐水面高出槽中水面，表明淡水已穿过袋壁进入盐水中了，这就叫渗透现象。如果在盐水面上加一压力，这个外压又大于淡水进入盐水的渗透压力，那么袋内盐水中的水分子就会自动穿过袋壁回到水槽中，这种在外压作用下的反向渗透现象就叫反渗透。

反渗透膜是反渗透淡化器的心脏，目前，主要有醋酸纤维素及其衍生物膜、芳香聚酰胺膜及其他有机无机材料膜等。随着反渗透膜的发展，现今反渗透淡化装置主要有四种类型：板式、管式、螺旋卷式、空心纤维式。这四种装置中，螺旋卷式和空心纤维式装置单位体积产水量较多，适于建造大规模装置；其次是管式装置，发展也很快。一个大型的反渗透海水淡化厂，要安装很多个这样的膜卷。像美国为沙特阿拉伯吉达港建成的反渗透海水淡化厂，共安装了4032个膜卷，日产淡水1.2万多吨。当今美国和日本海水淡化研究的重点是发展反渗透法。反渗透法由于设备简单、易于维护等优点，大有逐步取代蒸馏法成为应用最广泛的海水淡化法的趋势。

现在世界上有十多个国家的一百多个科研机构在进行着海水淡化的研究，有数百种不同结构和不同容量的海水淡化设施在工作。一座现代化的大型海水淡化厂，每天可以生产几千、几万甚至近百万吨淡水。淡化水的成本在不断地降低，有些国家已经降低到和自来水的价格差不多。某些地区的淡化水量达到了国家和城市的供水规模。海水淡化，事实上已经成为世界许多国家解决缺水问题普遍采用的一种战略选择，其有效性和可靠性已经得到越来越广泛的认同。海水淡化作为淡水资源的替代与增量技术，愈来愈受到世界上许多沿海国家的重视。

六、 不尽电能浪潮生

1. 火力发电带来的困扰

那烟囱入云、黑龙翻卷的火力发电厂，在给人类送来光明和动力的同时，也给人类带来危害和烦恼：环境污染加上能源危机！

那滚滚浓烟着实给晴朗的天空抹上了阴霾。尽管聪明的人类在烟囱上装配了消除浓烟的装置，可那人眼看不见的二氧化碳、二氧化硫，仍然悄悄地污染着清新的空气。美国海洋学家雅克·克斯托警告说："当大气中二氧化碳的含量超过一定值时，地球上的'温室效应'就会起作用。"而当地球温度不断升高，又足以使冰川融化时，那么冰川融化后形成的大量的水，将使海平面上升 60 米之多。这样，灾难就会降临，沿海和大江畔的城市就将淹没在波涛中。

也许有人认为这是危言耸听。尽管这种威胁似乎还不那么紧迫，可是，日复一日不停运转的火力电站吞下的煤，喝下的石油，却拉响了“能源危机”的警笛。地球上的煤、石油都属“非再生资源”，开采一点少一点。据美国《石油和天然气》杂志2009年统计：世界已探明的原油储量约为13000亿桶，如果以世界当前每年使用240亿桶石油的速度计算，还可供使用54年。据最新世界能源会议统计，全世界煤炭可采储量为15980亿吨，可供人类使用200年。眼下，虽说煤炭够用一阵子，可是，如果都能在煤井旁边建“坑口电站”还好说，而那些远离矿山、又远离大河的沿海城市，建个火电厂，光运煤就够费钱费力的了。

近些年，不少国家时兴建核电厂。这核电厂虽说不往外冒二氧化碳和二氧化硫了，可核燃料废物处理却成了问题。

1986年4月26日，苏联切尔诺贝利核电站发生泄漏，着实让人一惊：又是疏散人口，又是测大气中的核放射剂，连苏联周围一些国家的肉类、食品出口也受到了影响。2011年3月11日，日本东北地区宫城县北部发生里氏9级特大地震，并引发大海啸，导致福岛第一核电站发生核泄漏事故。

这些事故造成很多人“谈核色变”。而且，核燃料——铀，也是“非再生资源”，开采一点少一点。陆地上铀的储量有限，目前有开采价值的总共100万吨左右，何况这些铀并不都是用来发电，大部分还被有些国家用来制造核武器。一方面能源紧缺，一方面人类对电力的需求不断增加。

处于经济建设腾飞时期的中国，也受到能源紧张、电力不足的困扰，许多工厂因电力不足，不能“满负荷”运转。

电——工农业生产的强大动力源，人类生活的“幸福之光”。面对能源匮乏、电力紧张的困扰，富有创造力的人类，又一次把目光移向了海洋——这个“能源的宝库”。

浩瀚无垠、奔腾不息的海洋，是能量的积蓄，是力量的凝聚。那滚滚的浪涛，似万马奔腾，拍天裂岸；那受月亮和太阳的神力牵引的潮汐，周而复始，经久不衰；那默默潜行的海流，挟风携电，一泻千里；那旋转起身子，能把巨轮搅进海底的“中尺度涡”，其魔力无比；那热海水与冷海水撞击，那浓盐水和淡河水交织，所产生的神奇的力，更让人瞠目！

让海洋里蕴藏着的各种各样的“能”和“力”，做起功，发出电，可以使人类享用不尽。难怪，早在1847年，人类还没有用海洋能源发电的时候，法国作家儒勒·凡尔纳就以作家的洞察力和想象力，在《神秘岛》一书中预言：“水是热和光的无尽源泉。”

据科学家估算，世界海洋能的蕴藏量为750多亿千瓦，其中波浪能占93%，达700亿千瓦，其他还有潮汐能10亿千瓦，温差能20亿千瓦，海流能10亿千瓦，盐差能10亿千瓦。海洋能是目前世界能源总消费量的数千倍，只要开发出一小部分，即可满足人类的需要。海洋能源不仅储量巨大，而且都是属于“再生资源”，只要大海不干枯，就不用担心海洋能源枯竭；更大的优点是，用海洋能源发电，不必担心二氧化碳、二氧化硫和核废料的污染；另外，沿海城市就近就能获得方便的电力，亦可免除用火车、轮船东跑西颠地运煤拉油了。

中国海洋也蕴藏着巨大的能源。中国的潮汐能量为1.1亿千瓦，年发电量可达2750亿度；波浪能约为0.23亿千瓦；海流能可开发的装机容量为0.18亿千瓦，年发电量约270亿度。黑潮动力能源也很可观。海洋能源宝库蕴藏着的能源，堪称“海量”。

2. 潮涨潮落生电能

当人们沐浴着凉爽的海风，踩踏着柔软的沙砾，在海边漫步的时候，就会发现，平静的海渐渐鼓荡起来了，洁白的浪花排着队，唱着歌，牵引着蓝缎子似的海水，慢悠悠地朝海岸走来。海水漫过了礁石，漫过了沙滩，转眼间整个大海涨满了潮水。过了一个时辰，洁白的浪花又排着队，唱着歌，牵引着蓝缎子似的海水向海里走去。礁石裸露出来了，沙滩展现出来了。

海水涨满又退去，这种自然现象叫做潮汐。

在古代，人们还不能科学地解释这种自然现象的时候，便给它罩上了神秘的色彩。古人有的认为潮汐是天使把脚伸进海里或从海里拔出来时那股神力造成的；也有的古人说这是神奇的大鱼喝水、吐水所致。还是我们的祖先对潮汐现象最先作出正确的解释。在战国时成书的《山海经》中，我们的祖先就指出，潮汐与月亮有关。东汉思想家王充在他的名著《论衡》里也曾明确写道：“涛之起也，随月盛衰，大小满损不齐同。”意思是说：潮汐随着月亮兴起，它的大小每天不一样，也像月亮的变化一样有圆有缺。

潮汐，是月亮、太阳对地球的引力造成的。地球每天自转一周。一天之内，地球上任何一个地方总有一次向着月球，一次背着月球。所以地球上绝大部分地方的海水，每天总有两次高潮两次低潮，这种潮称为“半日潮”。而有些地方一天之内只出现一次高潮和一次低潮，这种潮叫“全日潮”。农历每月的朔（初一）和望（一般是十五或十六），月亮、地球、太阳大致在一条直线上，月亮和太阳的引潮力加在一起，就会出现大潮。在上弦（初八或初九）和下弦（二十二或二十三）时，月亮、地球、太阳不在一条直线上，太阳的引潮力抵消了一部分月球的引潮力，就出现小潮。

海水的涨落，蕴藏着巨大的能量。在中国杭州湾，著名的钱塘江大潮，就是一种潮汐现象。特别是在中秋节后两三天，潮头高达3～5米，每秒钟推进速度达10米，带来海水10万～20万吨。钱塘江大潮蔚为壮观，排山倒海的雪浪从天边翻滚而来，像万头雄狮咆哮突奔。正如《武林旧事》所描述的那样：“大声如雷霆，震撼激射，吞天沃日，势极雄豪”。

另外，受地理因素的影响，如某些窄浅的港湾、喇叭形河口，潮汐会造成很大的水位差。如加拿大的芬迪湾，最大潮差为21米，英国的塞汶潮差15米。世界上有不少港湾和河口的潮汐都很发达，平均潮差在4.6米左右。这种潮汐差，会造成很强的冲击力，蕴含着无比的能量。

这周而复始、经久不息的潮汐能，早已引起人们的重视。在中国唐朝的时候，沿海一些地区的人们就利用潮汐冲击石磨转动磨米面了。到了11世纪，许许多多潮汐磨在世界很多地方的海岸吱吱嘎嘎响个不停。那些磨坊工人的头发上、衣服上沾满了面粉，照管着水花飞溅的水轮和发出吱嘎声的石磨。

勤劳智慧的人类，是不会满足用这神奇无比的潮汐能干些磨米面、锯木、吊石头等小打小闹的事情的。当世界出现电的时候，人类就琢磨着用潮汐能发电了。早在19世纪末，德国工程师科诺波罗奇曾经提出，在易北河下游，利用修建蓄水池的方法，兴建一座潮汐发电站，可惜未能成功。1913年，派恩提出了另一个设计方案，在诺德斯特兰德岛与大陆之间建立一座潮汐发电站，并建起一条长2.8千米的铁路坝，在胡苏里建立了一座发电厂。这实际上是一座试验电站。在第一次世界大战期间，这座电站开始发电。作为先行者，它为潮汐发电提供了非常有益的经验。

人类经过不断的实践，摸索出三种潮汐发电的形式：单库单向型、单库双向型、双库双向型。

首先，人们设计的电站是单库单向型。这也是借鉴潮汐磨的经验发展起来的，工作原理是：为了造成水位的落差，使水往低处流，人们在合适的海湾入口处筑造一道大堤，使海湾成为人工水库。海堤上建一个装有水轮发电机的发电厂。涨潮时，打开堤上的闸门向水库放水；平潮时，将闸门关闭。待潮水退下去，水库内外有了一定水位差，也就是说海湾水库的水位高于大海的水位时，再把电厂的闸门打开，让水库的水推动水轮机发电后再流向大海。这种开放方式的特点是只在潮水的一个流动方向上发电，因此叫做单库单向发电方式。此方式每天可发电两次，工作10～12小时。单库单向型电站的主要缺点是发电时间和发电量较少。

当然人们是不会满足这种发电方式的。人们想，水库的水发了电，流回大海，下次涨潮时，就形成了大海水位高、水库水位低的局面。水往低处流，不同样可利用吗？不久，一种新型水轮机问世了，这种水轮机既可顺转，也可以倒转，给它配上能正反转的发电机，不论涨潮还是落潮，都能进行发电。这种发电方式叫单库双向型（图8）。这种电站的主要优点是：除平潮外（水库里的水和堤外的海水水位一样高时），不管涨、落潮均能发电，每天可工作16～20个小时，发电量比单向发电增加15%～30%。

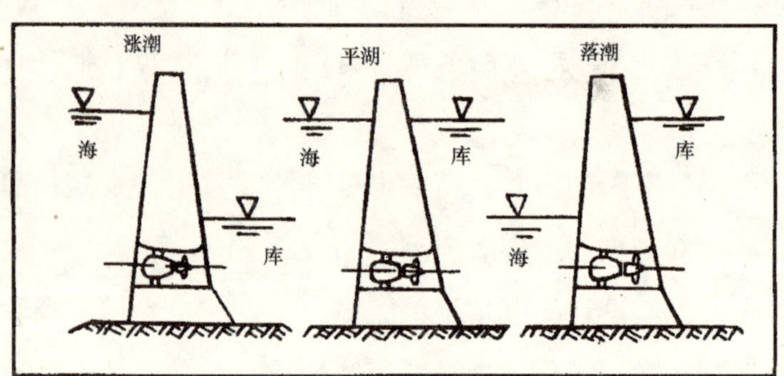

图8　单库双向型电站发电过程

还有一种类型叫双库双向型。这种电站需建造两个水库，一个高水库，一个低水库，机组安装在高低水库之间的坝段内，利用涨潮落潮时海水在高低水库间流动，使机组连续发电。这种发电方式最大优点是：可全日发电，没有间歇。这种类型的电站因需要建造两座水库，工程投资大，经济上不合算。

随着人类对能量需求的不断增长，加上科学技术的不断进步，潮汐电站正朝着大型化、实用化的方向迈进。

潮汐发电优点显著：潮汐能储量丰富、再生不竭；潮汐能集中在沿海港湾河口，便于开发利用；潮汐涨落有规律、能量稳定；潮汐电站大坝较低、投资较小；潮汐电站，可围海造田，也可以综合利用海水，从海水中提镁、提铀，还可以淡化海水。潮汐发电，将使人类受益巨大。

3. 波浪滚滚送能源

一提起海洋，人们自然而然地会想起那绚丽多姿、奔腾不息、气势磅礴的浪涛。它时而温柔恬静，碎如梨花似的波浪像无数个白色的小精灵，轻吻着金色的沙滩，发出细细絮语；它时而涌动起来，宛如雪白的羊群在绿色的草原上缓缓游移；它时而发怒起来，海面上浪涛似万头雄狮隆隆冲撞。霎时间，激浪拍天吞日，撼天动地。

俗话说，风疾浪高，海浪主要是由海面上风的吹动以及大气压力变化引起的。当风从海面掠过时，由于气流对海水的摩擦，牵动海水质点振动，而形成风浪。风越大，浪越高，波浪的高度差不多和风的速度成正比。例如当风速为 10 米/秒时，波浪高度为4米，当风速增加到20米/秒时，波浪高度就可达8～9米。1922年北大西洋的一次飓风，风速超过45米/秒，而当时洋面平均浪高20米，最大波浪高度达30米。波浪的高度还和风时（风朝一个方向吹的时间）、风区（风在海面吹动范围）有关。风朝一个方向刮得时间越长，风卷过的海面越大，波浪也就越高。在大西洋盛行的西风带里，终年不停地刮着西风，海面上常见14～15米高的大浪。在南纬40°地带，处于太平洋、印度洋、大西洋交界区，海面辽阔，狂风得以充分肆虐，巨浪如山，是有名的“风暴40°”地带，成为海上航行的“禁区”。

此外，波浪还与地震、海底火山喷发有关。海底地壳剧烈活动所释放出的巨大能量，可以在海面掀起洪波巨涛。1883年印度尼西亚巽他海峡中的喀拉喀托火山爆发，激起的海浪高达35米，波长524千米。1896年6月15日，日本本州岛釜石以东海底发生7.6级地震，引起海啸，波浪高度达30.5米，相当八九层楼房高。

海浪有着巨大的爆发力和冲击力。有人作过这样的测试，海浪对海岸的冲击力，每平方米20～30吨，有时高达60吨，巨大的拍岸浪涛曾将130吨重的岩石抛到20米的高处，将1700吨重的岩块翻了一个身；30～60米高的惊涛骇浪把瓦胡岛的北部熔岩海岸砸得粉碎。1952年12月16日，一艘美国轮船在意大利西部遭到巨浪袭击，船被截为两段，一段抛上海岸，一段沉入海里。1896年日本本州地震引起的那次海啸，巨浪冲毁房屋1万多间，冲走船舶3万只，死伤2.7万人。

据估算，1个波高2米、周期5秒的海浪，在1千米宽的海面上至少可以产生2000千瓦的电力。整个世界海洋中波浪能达700亿千瓦（实际可利用的有30亿千瓦），占全部海洋能量的93%，是各种海洋能中的“首户”。

如此巨大的波浪能，人类是不甘心让它只带来灾难，而不造就幸福的。于是，聪明的人类想方设法驯服这匹海洋上的“烈马”，让滚滚的浪涛发出强大的电流来。

波浪，不像潮汐那样周而复始，变化有规律。波浪是匹狂暴无羁、性情难驯的“烈马”。它温和时，静如平湖；发怒时，波涛汹涌。波浪能是散布在海面上的低密度不稳定的能源，要利用它，首先要对它进行“捕捉”、“收集”。这就要求人们设计和试验的波力发电装置必须能充分地将大面积海面上的波浪能加以吸收，并集中转换成机械能，再带动发电机运转发出电来。另外，波浪的狂暴能产生巨大的破坏力，这就需要发电装置坚固抗摧。

波浪能给人类出的道道难题，越发激起人类去攻克它，驯服它。早在18世纪末，人们就开始探索波浪能的利用问题。许多海洋工作者为此绞尽脑汁，设计出种种利用波浪能的设备。1799年巴黎发表了第一个波能转换装置的方案；1810年，法国学者又在波尔多市的罗埃第一次进行了波能发电试验；1911年第一个波能发电装置建成；1965年，波能发电装置作为导航浮标及灯塔的工作电源开始在实际中应用。目前，世界上已有英国、日本、美国、加拿大、芬兰、丹麦、法国等国家研究波能发电，并提出了300多种发电装置方案，其中主要有两种方式：英国式波能发电装置和日本式波能发电装置。

英国式波能发电装置主要特点是：将波浪能转化为机械能，带动发电机发电。主要类型有两种："点头鸭"式波力发电装置和筏式波力发电装置。

图9 "点头鸭"式波力发电装置

"点头鸭"式波力发电装置（图9），是英国爱丁堡大学的索蒂尔博士发明的。据他说，他发明波能装置纯属偶然。1973年的一天，索蒂尔患了感冒，妻子对他说："别在那里躺着为你自己发愁吧！你为什么不来解决能源危机呢？"她所要求的能源装置，既清洁又安全，在苏格兰的冬天也能正常运转，而且经久耐用。于是，物理学教授索蒂尔就开始考虑利用苏格兰近海的奔腾不息的波浪来了。具有发明才能的索蒂尔领悟到，提取波浪能的装置应该是类似抽水马桶里的球形阀一类的东西，一起一落，推动一台泵产生电力。在爱丁堡大学的试验室里，他借来一个波浪槽，开始试验。他和助手们制作的"点头鸭"模型可提取15%的波浪能，后经改进，提取率高达90%。又经过多次试验，他们按

1∶1的全尺寸制造了试验模型。这些模型由许多巨大的钢筋混凝土方容器组成，每个容器有一间房屋大，容器装在一根固定的水平转轴上，海浪冲来，这些容器像鸭子一样随波点头，驱动发电机发电。根据计算，每1米长的滨海区域，全尺寸的“点头鸭”平均发电30～50千瓦。480千米长的“点头鸭”装置链，可供给整个英国目前所需的电能。

英国式波能发电装置的另一种类型是筏式波力发电装置。它是由英国气垫船的发明者库克爱尔研制的。该装置是由许多个浮体顺着波浪前进方向排成一列，用绞链连接在一起构成的，在筏与筏之间安装水泵，利用波上筏体的相对回转运动，使水泵工作，从而驱动发电机发电。筏式装置的能量转换效率取决于筏的个数和尺寸。

进入20世纪80年代后，英国对以上两种类型装置的研究暂时不予投资，而重点转向波动水柱、气袋式等新式波能发电装置的研究。

日本式波能发电装置主要是利用波浪起伏运动产生压缩空气，推动空气涡轮机运动带动发电机发电。利用波浪产生压缩空气，最先是由一个名叫弗勒特切尔的人提出的。他从给自行车打气这件小事中受到启发，设计了一个带有圆柱筒和活塞的浮标，用波浪运动产生压缩空气，压缩空气又去吹动一个哨笛，于是便设计出了一个“警笛浮标”。把它拴上铁锚放在海里，只要海上出现波浪，它就吹起警笛，声音有长有短，有高有低，和波浪具有同样周期。在以后很长的时间里，法国沿岸都用这种浮标来导航和发布大浪警报。这是人类利用波浪能的最早的一种装置。日本式的波能发电装置原理，就是受其启发。

目前，由于技术问题，波力发电成本比热电高10倍。为了提高波力发电实用化水平，许多国家正在考虑这样一些技术问题：一是必须提高小波幅发电输出，目前只是在波高大于1.3米时才能发电；二是尽可能使波力平稳，以获得稳定输出；三是解决向陆地送电的特殊电缆；四是解决发电船的锚碇力，增强发电船抗风浪的能力。

中国的波浪能资源十分丰富，其总量大约0.23亿千瓦。中国近海受季风控制，冬季浪大，夏季浪小。特别是冬季在强烈的偏北风吹刮下，从黄海到南海形成了一条东北—西南走向的大浪带，平均波高在2米以上，波浪具有波高而周期小的特点，有利于波能发电。可以相信，随着科学技术的发展，滚滚波涛会向人类献出更多的电能。

4. 海流湍急好发电

浩瀚无际的海洋，亦像人的身体一样，有纵横交错、无以数计的“脉络”。这些“脉络”就是海流。海流种类繁多，有风吹成的“风海流”，有海水流动互补的“补偿流”，有海面高低气压造成的“倾斜流”，还有海水密度差异产生的“密度流”……海流有的在表层流，有的在深层动；有的向西行，有的朝东走；

有流速湍急的，也有流速缓慢的；有长短不一，有宽窄不同；有温度高的暖流，也有水温低的寒流……正是这些川流不息，无处不见的海流，使海洋充满了活力；也正是这些奔腾不息的海流，生发着巨大的能量。

从加勒比海、墨西哥湾开始，横跨大西洋流向寒冷北极的湾流，是世界第一大暖流，它以每小时 4 海里的速度快速流动，其流量约相当于全世界河川流量总和的 120 倍。如果从湾流中仅提取4%的能量，就可获得大约 10 亿～20 亿瓦电，这相当于一座核电站的输出功率。

著名的黑潮是世界第二大暖流。它由北赤道发源，经菲律宾，紧贴中国台湾东部进入东海，然后经琉球群岛，沿日本列岛的南部流去，于东经 142°、北纬 32°附近海域结束行程。黑潮总行程达6000 千米，平均流宽度 150 千米，平均流厚度 300～400米，最大流速可达6～7 节，比普通机帆船还要快，流量超过世界所有河流总流量的 20 倍。

海洋里，能量蕴含量最大的当推“中尺度涡”。“中尺度涡”是人类在 20 世纪 70 年代才发现的。它是一个高速旋转着的涡旋，直径 50～200 千米，深度可达 2000 米，类似于大气中的气旋和反气旋，其流速上层可达 35 厘米/秒，能量大约为大洋中平均流量的10～100 倍。在世界大洋中部，几乎都有“中尺度涡”存在。目前已经知道，北太平洋西部和北大西洋西部最多，被称为“中尺度涡大观园”。“中尺度涡”的发现，被称为 20 世纪 70 年代海洋水文物理学研究的一个重大成果，引起了人们的极大兴趣。

人类与海流关系十分密切。当人类离开陆地奔向海洋、漂洋过海去发现新大陆时，就认识了海流，并和海流打上了交道。早在15世纪，哥伦布横渡大西洋，前往圣·萨尔瓦多时，遇到了一股向西流动的海流，这时，航船轻快地随流行驶，他才第一次知道海洋里有海流存在。他在日记里写道："我注意到海水明显地自东向西流动，好像上帝驱使的一样。"在中国秦朝时，徐福东渡采药，就懂得利用海流帮助航行了。据说，日本人曾利用黑潮从朝鲜往日本运粮食。

进入20世纪70年代，随着能源危机的出现，人们不再仅满足于利用海流行舟楫之便了，而要研究让海流发电。

把海流能量转换成电能的初次讨论，据说是在很不显眼的情况下进行的。1973年一个温暖晴朗的日子，三位海洋学家在美国斯特瓦尔特博士的办公室聚谈。他们望着窗外海面上奔流的湾流，你一言我一语，讨论起利用海流发电的问题来了。

不久以后，斯特瓦尔特和他的同事们又聚在一起，讨论在佛罗里达海峡建立电站的细节。他们设想建造巨大的螺旋桨驱动式水下能量转换器。报纸报道了这次聚会的消息，并以"水下风车"为题，刊登在头版。一位芝加哥的百万富翁约翰·麦克阿瑟看了报道，出资筹建研究海流发电的研究所，取名麦克阿瑟研究室。这个研究室在结束其研究工作时，发表了他们的看法，认为从海流中提供的电能可以采取三种方式供人们使用：一是直接以电能的方式用水下电缆输送到岸上；二是用洋流电能从海水中提取氢气，用管道输往大陆，或将氢气注入罐中运往陆地；三是用洋流电能制取压缩空气。

当时，美国的科学家们还设计了一些从海流中取电的具体方案。其中，以葛利·斯特尔曼发明的水下“降落伞”系统为好

图10 “降落伞”式海流发电装置

(图10)。这一装置可以将低速海流的能量转换成可以利用的能源。该装置包括两部分：一部分是安装在船上或平台上的带轴的轮子，另一部分是一根绕着轮子旋转像传送带似的环形缆。在这根缆上，装着一把一把形状似降落伞一样的帆，它们都向一个方向排列。当它们顺流而动时，这些“降落伞”在海流的冲击下，全都张开；当它们绕着环形缆转变后逆流而动时，伞便收拢起来。这样，“降落伞”的不停运动，通过环形缆带动轮子转动，而旋转的轮子就能驱使涡轮发电机发电。

利用海流发电的另一种方案是海流发电驳船。即把一艘改装的驳船拖入海流中，用锚链固定于海底。驳船的两侧分别装有1～3个大水轮，水轮在海流冲击下，不停地转动。由于海流流速不高，水轮转速也不高，通过变速机械，增速到每分钟1000转，便可以带动发电机发电了，发电量可达50兆瓦。

此后，美国加利福尼亚州的皮特·李沙曼组织设计了一个海

流发电的方案，取名“科里奥利方案”，用以纪念19世纪法国的一位叫科里奥利的科学家。这位科学家提出了海流和气流运动由于受地球自转影响而发生偏向的原理。“科里奥利方案”设想将一组巨型水轮发电机布设在佛罗里达强海流区里，用以产生大量经济电力。其中心部件是一台二级转子，它由一对反向旋转的涡轮机构成，装在一种能大量搜集海流能量的导管内。涡轮机转子采用链状叶片，它除了像普通涡轮机转子一样一端固定在中心轴上外，其顶端还与环形轮轴相连接，当海流通过导流管时，带动涡轮机像风车一样转动发电。

日本从1975年开始了利用黑潮暖流发电的研究。到了20世纪80年代，日本进行了水池试验和海上试验。同时，还提出了水平轴对称翼形直叶片转轮等新的海流发电方法。

中国近海潮流发达，在渤海海峡、山东成山头附近、苏北沿海、长江口至舟山群岛一带海域，潮流甚大，蕴藏着丰富的海流运动能量。据估计，中国可开发利用的海流能量约0.2亿千瓦。近年来，中国一些省市开始了海流发电的研究。

海流发电目前处于小型试验阶段。由于大多数地区的海流流速较低，加上海流流速不断变化，发电量很不稳定。另外技术上还有不少问题有待解决。因此，海流发电开发缓慢。富有开拓精神的人类一旦认准了的事情，是会搞出名堂来的。海流，是不会白白流淌的，它定会给人类带来光明。

5. 热海水与冷海水孕育电

人们把海洋称为“热锅炉”。当然，为这个庞大无比的“热锅炉”加热煮海的，不是中国民间传说中的张羽，而是太阳。

太阳光经过1.5亿千米、历时8分钟的旅行后，除掉损耗，约将80万亿千瓦的太阳能照射在地球上。海洋占据地球表面积70%以上，那么约有60万亿千瓦的太阳能被海洋吸收了。算下来，海洋一昼夜所接受的太阳能相当于1700多亿吨优质煤的热量，而目前人类一年的能源消耗才不过是100亿吨标准煤。

海洋所接受的太阳能，除了一小部分直接反射到空气中以外，大部分被海水吸收。海水吸收了太阳能，水分子运动速度加快，水温升高。这样，太阳光的辐射能就被转化为海水水分子热运动的动能贮存起来。海水贮存的太阳能，就是人们常说的海洋热能。海洋热能的储量极大，估计不下40万亿千瓦，取其千分之一，即400亿千瓦，大概就能满足2000年全世界全部能源需要。

根据能量守恒定律，自然界所发生的一切过程中的能量，既不会消灭，也不会产生，可以从一种形式转变为另一种形式。英国物理学家焦耳求得了热功当量：将1千克水的温度升高1℃，必须做约4180焦耳的功，反过来也是一样。根据这个公式，一些海洋工作者设想，要是能使海水温度在人工控制下降低，把它的内能转变为有用的功，去驱动机器，然后将机械能转变为电能那该多好啊！经过简单计算，结果令人振奋：如果一部机器1秒钟吸进1吨水，温度自动降低20℃，它所释放出的热量以4%~6%的效率变成电能，就可发出3000千瓦的电力来。

诱人的前景驱使人们对利用海洋热能发电进行研究。最初，有人提出利用赤道附近暖和的表层海水作为热源，用极地海水作为冷源，使海水产生温差进行发电。然而，按照这样的设想，必然要耗费巨资去敷设上万千米的管道，抽水的动力也将大得不堪设想，更不用说海水输送过程中的热量损失了。看来，这个设想是“远水冷却不了近热”。

那么，到哪里去找“冷海水”呢？人们经过观察测量发现，射到海面上的太阳能，在海面上层就被迅速吸收了，阳光射线受到海水的阻挡，越往深水吸收的热能越少。因而，海洋深层的水温比起表层的水温要低得多。例如，在低纬度海域大洋水下500米深处的水温，基本在5~10℃，而在3000米深处的水温则终年处在1~2℃。如果把赤道表层海水作为热源，把2000米底层的海水作冷源，上下温差可达26℃以上，就可以用作温差发电。由此可见，用一根水管把底层的冷水抽上来，就可以“近水冷却热源”了。

1881年，法国科学家德松瓦尔研究了海水表层和深水层存在的温差之后，大胆提出：海洋热能是可以转化为电能的。他还预言海洋所储存的太阳能迟早有一天会被人类大规模利用。

那么有了“热源”，又有了“冷源”之后，是不是就可以把海洋热能转换为电能了呢？问题没有那么简单。我们知道，只有使海水沸腾产生蒸汽才能推动汽轮机转动发电。可是海水的“热源”，只有30℃左右，要把它加热沸腾，势必要耗费大量的燃料，这是很不经济的事情。那么有没有一种简便经济的办法使热能转换为电能呢？根据水的物理特性，我们知道，在1个大气压下，水温升到100℃，水便沸腾；另一方面，在水温度不变的情况下，当压力降到一定值时，水也会沸腾。这种获得蒸汽的方法叫“扩容法”。用“扩容法”得到的蒸汽能否推动机器发电？法国科学家克劳德率先进行了试验。

克劳德是德松瓦尔的学生。在德松瓦尔提出海洋热能可以利用以后，为了寻找开发海洋热能的具体途径，克劳德作了进一步的探索。1926年11月15日，他和鲍切特合作，进行了一次海水温差发电的模拟实验（图11）。他俩取来两只容积各为25升的烧杯，左边的一只装有小冰块，右边的一只装着28℃的温水（与热带海域表面水温相近），然后用管道将两只烧杯连成一个密闭系统，外接一台真空泵。系统内有喷嘴、涡轮、发电机，用引线接出3只小灯泡。有人称这是一个“魔术装置”。

试验开始了，在法兰西科学大厅里，人们的目光都盯着这个“魔术装置”，看它到底能不能发出电。只见克劳德用真空泵将烧瓶内的空气抽出，使烧瓶内只有大气压的1/25时，温水就变得沸腾起来，接着涡轮机转动了，3个小灯泡同时发出耀眼的光芒，全场顿时响起一片欢呼声。

克劳德完成了实验室试验后，于1930年，在古巴海岸建起

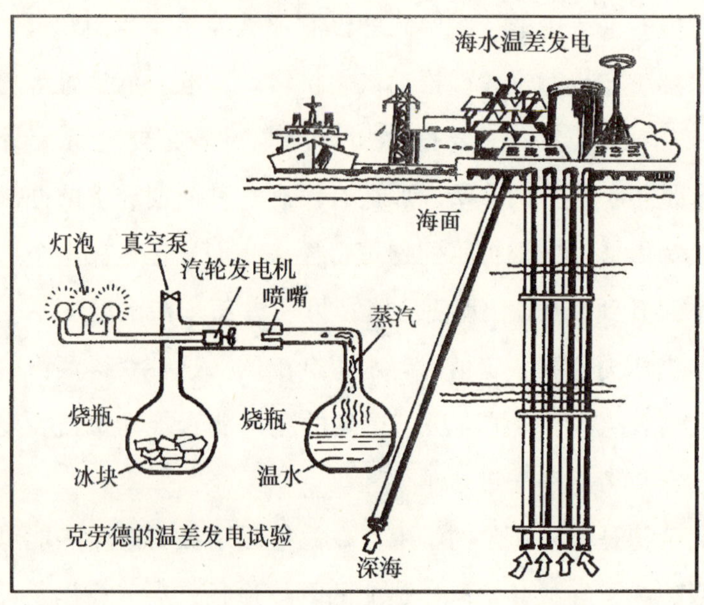

图11　海水温差发电示意

一座22千瓦的海水温差电站。这个电站是建造在海岸边上的，所以叫海岸式海水温差电站。该电站以海边27℃的表面温海水为“热源”，以离海岸2千米远650米深处的冷海水为“冷源”，以“开式循环方式”（也叫克劳德循环）发电，发电量可达22千瓦。

这座海水温差电站虽然发出了电，但却存在一个突出的问题：就是冷水抽水泵消耗的功率太大，以至于电站发出的全部电力还不能满足抽水泵的需要，所以电站不仅不能向外供电，还得从外部为电站供电。自然，这样的电站没有实用价值。后来，遭到海浪袭击，电站被摧毁了。实践使克劳德认识到，用长管子通到海底去抽取海水的做法行不通。

1934年，克劳德又搞出一个新设计，取名“浮标式温差发电站”。他把发电机安装在一条叫“突尼斯”号的驳船上，驳船用锚固定在巴西的一处海边。抽水管垂直放入海中，它的上端是一个浮标，下端系着重物以保持管子垂直。令人遗憾的是，悬在海中的管子受到海浪的冲击摇来摆去，最终断裂开了。克劳德一气之下，把整个设备沉到了海底。

为了摆脱海浪的干扰，后来克劳德又想到干脆在海底挖一条隧道，把管子放进隧道，结果也没有成功。1948年，法国人在非洲象牙海岸首都阿比让附近海边又建立了一座温差发电站，并在抽水管质量上作了改进。由于这个电站仍采用克劳德的方式，因此有效利用率不大。尽管克劳德的种种努力都未取得理想的结果，但他的尝试给后人留下了有益的经验。

由于海洋热能转换技术复杂，设备成本昂贵，加之当时陆地火力发电供需不存在问题，海洋热能发电研究被搁置起来。直到20世纪60年代，世界出现“能源危机”时，海洋热能开发利用又引起了人们的重视。

1964年，美国的安德森父子在总结前人成功与失败的经验教训之后，提出了海水温差发电的新方案。他们父子的新方案有两点突破性改进：一是把整个发电设备安装在一个巨大的浮体上，使之浮于海中，这样就可以大大缩短冷水取水管的长度；二是不再直接以海水为工作介质而采用低沸点的液态丙烷、氨、氟里昂等物质作为闭路系统中的工作介质。这样，可使用小的高压涡轮气体发电机，而不必采用克劳德使用的那种庞大的低压蒸汽涡轮机了。安德森父子的这种工作方式叫“闭路循环方式”。

目前对海洋热能的开发利用尚未进入大规模实用阶段，还有一些技术问题、经济问题、对环境的影响等问题，有待于进一步研究解决。但是，海洋热能发电，在技术上毕竟取得了重大突破，其前景是令人乐观的！

6. 咸水与淡水交汇出电能

人类在利用海水晒盐的同时，发现海水和淡水相交汇的地方，蕴含着一种神奇的能量，于是一个新的设想出现了：利用海洋盐度差能发电。

海洋盐度差产生的能量，是人们从渗透作用中计算出来的。我们知道，渗透作用，就是指允许液体从一层具有选择性的半渗透性薄膜中通过的过程。人们作了一个试验，在水槽里放入一个半透明膜，一边放盐水，一边注淡水。海水中的盐离子被半透明膜“封锁”过不来，只对淡水放行。这样，淡水就通过半透明膜往盐水里渗透，如果再建一座水塔的话，那么在渗透压的作用下，水位就能升高到250米，即大约25个大气压，海水和淡水的渗透压才能平衡。这高高在上的水从250米的高度冲泻下来，那力量就相当大了，足以冲得水轮机呼呼转动起来发电。

渗透压的大小和海水中含盐度有关。一般的海水含盐35%。

这样浓度的海水，能形成25个大气压，即能把水抬高到250米。陆地上江河，日夜不停地向海里流淌着淡水，可以想见，在江河入海口的地方，蕴含着多么巨大的盐度差能量啊！根据联合国教科文组织1981年的出版物估计，世界上盐度差能约为30亿千瓦。

利用海洋盐度差能发电的设想，是1939年由美国人提出的。1954年，美国建造并试验了一套根据电位差原理运行的装置，最大输出功率为15毫瓦。1975年以色列人建造并试验了一套渗透法装置。日本科学技术厅从1978年开始进行盐度差能发电的研究，目前又在试制模型设备、高压泵、半透明膜、耐压容器等，不久将进行发电试验。

利用盐度差能发电较早的设想是利用渗透膜两侧海水和淡水之间的水位差驱动水轮机发电。这种发电方法，存在一些问题：由于海水和淡水之间的渗透压较大，使水压塔中的水柱高达250米，这就使水压塔下面的半透明膜承受很大的压力，容易被压坏，影响使用寿命。另外，由于淡水中的水分子源源不断地向水压塔渗透，会使海水盐度降低，引起水柱高度下降，从而直接影响输出功率。再者，在河口建造一座200多米高的水塔，也绝非易事。

为了克服这些问题，R. S. 诺曼博士在原有设计的基础上，增加了一个海水泵（图12）。他把水轮机与水泵联系起来，海水依然从导管中流出，但导管的高度却相当于海水与淡水渗透压差的一半还低，约10~11兆帕。这样，就能延长半透明膜的寿命。

同时，海水泵把海水打入，使海水维持一定的盐度，不至于使水的渗透压差降低。

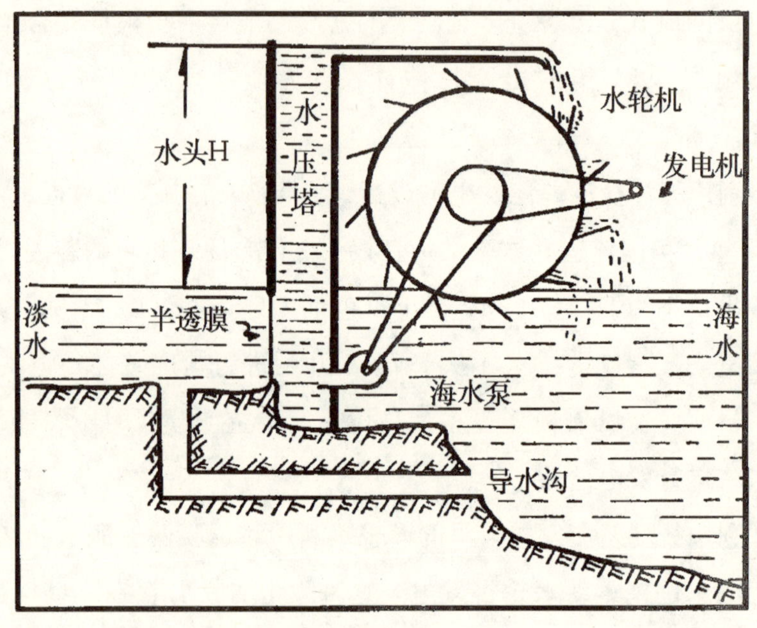

图12 盐水发电系统

此后，美国国家健康学院的约翰·韦因斯坦和内政部的弗兰克·雷兹两位科学家，抓住盐能换能器发电过程中出现的氯离子和钠离子运动的现象，设计出一种浓度差电池，也叫反向渗析电池。为了更充分利用电能，这种电池在海水通道两侧，分别设置了阴离子交换膜和阳离子交换膜。这样，氯离子通过阴离子交换膜向一个方向流动，钠离子通过阳离子交换膜向另一个方向流动，使电势双倍增强。另外，为了得到足以供外部用户使用的电力，就把许多个电池串联使用。

盐度差能，是一种神奇的能量，人们对它的认识较晚，对它的特点和规律的认识还不太清楚，需要从基础理论上作些探讨。另外，实现浓度差能开发利用的关键材料是半透明膜，目前半透明膜的研制质量还不过关。所以，离大规模开发盐度差能，还有一道道难关。但是，盐度差能量又是充足和强大的，这必将吸引人们去认识、去开发利用。

七、“液体宝库”的厚赠

人类第一次来到海边，面对浩淼无际、波涛涌动的大海，无不为海的博大而亢奋，为海的雄浑而惊叹。

当他们捧起一掬海水时，定会认为那纯净清澈的海水也和山涧溪水一样甘冽爽口。“咕咚”一口海水下肚，可算尝到了这又咸、又苦、又涩的滋味。吐净口中的海水，富于探索的人们，又琢磨起海水来了。

海水里含有盐，这是人类对海水成分最直观的感受。与之相对应，人类从海水里提取的第一种物质也是盐。

可是，海水里不仅仅只含有盐，随着化学的发展，人类才算逐步认识了海水。

1783 年，英国化学家卡文迪什指出，水是氢氧化合物。17 世纪后半叶，化学家波义耳把潮汐、海流、水温、盐度等作为海洋研究课题，测定出了海水的化学组成。1865 年，挪威科学家约翰·福钱默根据自己多年对海水化学的分析，提出了海水“相对比例定律”，即：不论海水中含盐绝对值如何，几种主要化学成分之间的相对含量是稳定的。他认为，各海区海水盐分可以有很大的不同，在时间上也可能有些变化，但是盐分中所有主要成分的相对比例，则是几乎不变的。根据这个定律，只要知道了海水中某一种成分的含量，就可以按照比例推算出其他成分的含量，大大方便了海水测量工作。19 世纪的后半叶，英国的“挑战者”号，对深海物理、海水的化学成分等，进行了综合调查研究，取得了丰硕的成果。直到 20 世纪 40 年代，人们仍停留在对海水成分的测量和化学特性的研究上。从 20 世纪 50 年代开始，随着分析技术的发展和溶液化学理论引进海洋学体系，对海水的研究走出了传统研究的范围，进入了定性分析海水常量、微量元素的阶段，从而揭开了海水的“面纱”，确定了海水含有 80 多种元素，并测定了这些元素的比例和含量。

地球上的海洋平均水深约 3800 米，海水总量约 13.7 亿立方千米。在这些海水中约溶解有 5×10^6 吨化学元素，平均 1 立方千米的海水中就含有 3570 万吨的化学物质。海水溶解的物质主要是盐，其次是硫、镁、钙、钾、碳、溴和硼。此外，世上最稀有的物质、被当做财富象征的黄金，尽管在海水中含量极微，但总量也有 500 万吨以上；制造威力巨大的核弹的原料铀，陆地上只储存 100 万吨，可海水里却蕴藏 45 亿吨之多；制造飞机、快艇、火箭不可缺少的镁，海水里有 1800 亿吨。此外，海水中还有制造玻璃的芒硝，有制作人造宝石和火箭的高能燃料硼。如果把大洋中的氢能全部提取出来，按现在地球上对能量的需要计算，可供人类使用 5 亿 ~10 亿年！再假如把海水中含有的 5 亿亿吨盐都晒出来，平铺在陆地上，那么整个陆地就会覆盖上 150 米厚的一层盐！

海水，不愧为“液体宝库”。人类正在不断研究直接从海水中提取各种有用的化学元素，并取得了越来越多的成果。迄今为止，直接从海水中提取并已达到大规模工业生产水平的有食盐、溴和镁等，其他元素的提取利用尚处于研究阶段。随着陆地资源的日益减少，人类会加快从海水中提取资源的步伐。

1. 洁白食盐海水生

在许多国家的语言里，盐字开头三个字母是“sal”。据说，这是为了纪念女神索露丝（salus）的。

相传在很早很早以前，人类学会了用火烤肉吃。可是时间一长，觉得淡而无味，便厌食烤肉了。而且，人渐渐消瘦，浑身软弱无力。

健康和繁荣女神索露丝见此情形十分焦急。她知道，天神那里有个宝贝叫磨盐机，磨出的洁白晶莹的盐粒，会使食物变香，人吃了长劲儿。女神趁天神洗完澡沉睡的时候，偷了天神的金牌，在音乐之神的帮助下，从重重金锁封闭的房子里，取出了磨盐机来到人间，将磨出的盐分给人们。

后来，天神发现女神偷了他的宝贝，限期让她送回天宫，否则予以惩罚。

女神决定不论承受多大风险，也要将磨盐机留在人间。她将磨盐机放在一个小船上，请海神保护。当天神正要惩罚女神时，海神站了出来，向天神虔诚地鞠了一个躬说：“尊敬的天神，是健康和繁荣女神索露丝的精神感动了我，我才愿意帮忙的。如今，我愿和女神一道接受你的惩罚，只求你别让女神失望，别让人间的无辜人民失望。”

天神听了海神感人的话语，瞧瞧女神那不屈的目光，心里若有所动，但又不愿失掉威严，只是冷冷地说：“念你对人类一片真心，免予重罚吧。”说完，天神用圣杖一挥，小船连同磨盐机沉入海底。他对海神说：“从此，你要用你的海水为人类服务。”就这样，磨盐机一直在海底转呀转呀，为人类煮海水取盐。

当然这个故事，是神话传说。但是，盐与人类健康息息相关，这确是千真万确的。人的血液中含盐 0.9%，所以浓度为 0.9% 的食盐溶液叫做生理盐水。人必须每天吃盐，成年人每天需要 10～12 克食盐，正在成长发育的儿童需要量更多。这样才能维持体液的盐浓度，正常进行新陈代谢。盐在人体内起着重要作用，胃液中的盐酸就是由盐产生的，盐酸不仅有消化作用，而且还能杀菌。人不吃盐，就会浑身乏力，时间一长，会危及生命。

食盐不仅和人体健康密切相关，在工业上的用途更广、用量更大。它是纯碱、烧碱和盐酸的基本原料，有机合成产品如氯化乙烯、聚氯乙烯、氯丁橡胶等所需要的氯也源于食盐。此外，食盐在肥皂工业、染料工业、矿业、钢铁工业、皮革业、陶瓷业，以至于农业都派上用场。

现在，盐是极其便宜的物品了，人们花几元钱就能从商店买回一包精盐，用起盐来也极大方。可是在很久很久以前，盐可是极其珍贵的东西。远在6世纪，摩尔人贩卖的食盐价格是一两黄金买一两食盐，古罗马士兵的工资不是金也不是银，而是一包食盐。有些国家，国王设宴时，盐罐总是在他的面前，然后按身价高低，确定离盐罐的远近。法国中世纪一本叫做《礼节大全》的书中规定：宴会上，主人和特殊贵宾坐在桌子头上，叫做“在盐之上”，次一等客人则坐在“盐下”。古埃及的人们随身带一把盐，作为避邪的护身符，遇到灾难临头，就赶快念叨：“我要吃盐，我要吃盐。”现在许多国家的工资一词，就是由盐这个词演变的（如英语叫 salary）。英语中的许多习惯用法，更能表明历史上食盐所具有的魅力和能量。例如“到某人家去做客”，英语的字面意思为“和某人一起吃盐”；若指费用太贵，英语字面音译为“用盐太多”；“饶有风趣的谈话”，英语字面语为“饱含着食盐的交谈”，等等。

随着科学的发展，人们弄清了盐的来历之后，就不会视其为上帝一样加以崇拜了；随着产盐业的发展，物多则不贵，人们也不以离盐远近划身价了。

海水中的盐是从哪里来的呢？大体来说，海水盐分有两条来路：一是地球刚形成时，由于大量降雨和火山爆发，火山喷发出来的大量水蒸气和岩浆里的盐分随着流水汇集到海洋里，海水就咸了。不过那时的海水并没有现在这样咸。后来，随着海底岩石里可溶性盐类不断溶解，加上海底不断有火山爆发喷出盐分，海水逐渐变咸。另一条来路是，陆地上河流奔向大海的途中，不断冲刷泥土和岩石，把它们身上的盐分带到了大海。据估计，全世界河流每年带入海洋的盐分，至少有30亿吨。

从海水中制盐至今大概已有5000多年的历史了。在埃及古天国时代（公元前2686～前2181年）的所谓金字塔文字中，就出现“atr”的文字，它是一种钠盐，是用蒸发海水的方法制取的。在中国古代，从海水中取盐，有着更悠久的历史。相传炎帝时就教民煮海水制盐。从福建省发掘出土的文物中即有熬盐工具，证明了早在仰韶文化时期（公元前5000～前3000年）当地人民已用海水煮盐。春秋战国时，位于山东的齐国专设盐官煮盐，并把鱼盐之利作为富国之本。西汉《盐铁论》记载：汉代兴盐铁“以佐边费”。约在明朝永乐年间，开始废锅灶，建盐田，改蒸煮为日晒，使盐业生产有了新发展。

到目前为止，世界上盐业生产主要有三种方法：盐田法、电渗析法和冷冻法。

盐田法又叫太阳能蒸发法，是很古老的方法。这种方法是在海边滩涂上筑起坝，设立水闸，滩涂上修整出一块块像稻田的阡陌。将海水放入一块块方田里，在太阳的照晒下，海水中的水分逐渐蒸发，盐粒即可渐次析出（图13）。中国古代劳动人民在盐田生产中，发明了许多生产技术，积累了大量的经验。

盐田需要“纳潮”，即选择含盐分高的海水。人们发现，在不同情况下，海水中的含盐量也有变化。像暴雨过后，河水冲刷，海水中的盐分会变淡；久旱无雨，海水中的盐分高；在蒸发

图13　盐田法生产食盐

量大的地区，如冬季的黄、渤海地区，因西北风加速海水蒸发，海水含盐量就高；潮汐把外海高盐度海水带进港湾，海水上层比下层盐度小；由于地球自转的影响，北半球的潮流向右转，中国沿海地区涨潮流进入海湾后，其流向偏右，这样右侧海水含盐高；另外，水温高的海水盐度高，水温低的海水盐度低等等。中国古代劳动人民总结出这些规律以后，能正确选择盐田地点，并能选择含盐量高的海水晒盐。中国古代盐民中流传着："雨后纳潮尾，长晴纳潮头，秋天纳夜潮，夏天纳日潮"等生产谚语，足见中国沿海盐民对海水含盐量变化规律的掌握程度。

古代盐业生产不仅需要纳取盐度高的海水，还需要掌握卤水的盐度。据文献记载，宋仁宗时期（1023～1063年），盐民们就创立了用莲子作比重计测定盐度的方法。一直到清代，都沿用莲子测定盐度法。在这漫长的历史时期中，莲子测定法几经改进，测量的精确度也不断提高。1894 年，意大利化学家犹西克力奥在法国塞特港用地中海的海水进行了蒸发实验，得出了更全面、准确的数据。这些数据成了迄今研究海水蒸发的唯一标准，也是指导海盐生产的基本资料。目前，世界上绝大多数国家仍使用盐田法生产食盐，但生产技术大大改进，产量大幅度提高，生产的各个环节基本实现机械化。

电渗析法，是20 世纪50 年代开始研究、70 年代成熟起来的一项制盐新技术。电渗析法制盐原理和电渗析法海水淡化一样，只不过一个在半渗透膜上取盐，一个取海水。与盐田法比较，电渗析法的优点是：不受自然条件影响，一年四季均可生产；占地面积小，生产 15 万吨盐，盐田法约占地 500 公顷，而它仅需 20 ~ 23公顷地面即可建成全套设备；节省劳动力，所需人员只相当于盐田法的 1/20 ~ 1/10；基建投资少，生产每吨盐的基本投资约为盐田法的 1/5；卤水的纯度和浓度均比盐田法高。因此，电渗析法生产海盐有着十分广阔的发展前途。

冷冻法，是纬度比较高的国家采用的一种生产海盐的技术。像俄罗斯、瑞典等国家多用此法制盐。这种方法的原理是，当海水冷却到海水的冰点（ -1.8℃）时，海水就结冰。海水结成的冰里面很少有盐，基本上是纯水。去掉冰，就等于晒盐法中的水分蒸发，剩下的浓缩了的卤水就可制出盐。

2. 碧波中的核燃料

1945 年，美国在日本广岛、长崎扔下两枚原子弹，第一次向世界展示了核武器冲击波、光辐射的强大威力。

自此以后，核武器成了力量的象征、威慑的利剑、争霸的资本。于是，核武器的原料——铀，就成了备受青睐的战略资源，陆地上本来储备就不多的铀，简直成了宝贝。

人类发现了核技术本不是用来毁灭人类自己的。自 20 世纪 60 ~ 70 年代以来，和平利用核能得到发展，核能日益渗透到人类生活中来，特别是 20 世纪 70 年代初出现石油危机之后，世界进入核电兴旺发展时期。此外，用核燃料作动力的舰艇、海轮，数量也不断增加，连农业上也试用核射线辐射种子增加产量。可以说，在各个领域都开始开发利用核能。这样，势必加大对铀的需要量。例如，一个 100 万千瓦的反应堆需要几百吨铀。物以稀为贵，按 1985 ~ 1986 年国际铀价来看，1 吨铀约 4 万美元。这还不算高，贵的时候 1 吨铀高达 10 万美元。然而，陆地上有开采价值的铀总共不过 100 万吨左右，分布又不均匀，你急需，我封锁。于是，人们将目光移向了海洋。

海水里，铀的浓度虽然不高，每升海水里只有 3. 3 微克，但海洋无比巨大，海水又多，所以海洋里铀的总量相当可观，达 45 亿吨，相当于陆地铀的储量的 4500 倍。

对海水中铀的研究，可追溯到1935年，当时人们测定了海水中的含铀量，但没有进行采集。英国是一个缺铀的国家，因此也是从事海水提铀研究最早的国家。第二次世界大战结束不久，英国就开始着手从海水中提铀的研究。1952年，英国特丁顿化学研究实验室开始探讨用离子交换树脂从海水中提铀，但效果不明显。1964年，英国哈威尔研究所又提出了采用吸附法从海水中提铀的方案。1968年，英国从利用潮汐出发，考虑在米奈海峡建立年产1000吨铀的工厂，但因种种原因没有上马。1973年“能源危机”后，英国原子能管理局又成立“海水提铀研究会”，继续对海水提铀进行研究。

日本是世界上第一个建造海水提铀工厂的国家。日本铀蕴藏量仅有8000吨，是个缺铀国家。从1960年开始，日本着手海水提铀研究，并于1986年4月在日本香川县建成年产10千克铀的海水提铀模拟厂。还提出了建立工业规模的海水提铀工厂的计划，预计年产铀1000吨。目前，世界上已有近20个国家，如俄、美、德等，都相继进行海水提铀研究，但水平与规模远不及日本。

我们知道，尽管海水中含铀总量高达45亿吨，但浓度极低，要想得到3千克铀，就要处理100万吨海水才行。处理如此巨量的海水，给提铀生产提出了很多技术难题。据目前海水提铀水平核算，成本是陆地贫铀矿提炼成本的6倍，这是至今提铀生产不能大规模进行的主要原因。

人类先后试验了多种办法从海水中提铀，其中“萃取法”是早期曾探索过的一种方法，它是以磷酸二丁酯作萃取剂，以煤油作稀释剂，在旋转的圆形萃取柱中与酸化的海水接触提铀的。这种方法在大规模实践中，很不经济，于是被淘汰。

目前正在研究的提取办法有三种：

一是“起泡分离法”。这种方法是，将一种起泡剂加入海水中，然后用动力鼓气使海水起泡，起泡物质和铀发生化学作用，海水中的铀就集聚在气泡上，于是铀便提取出来了。这是近几年发展起来的新方法，铀的提取率达80%～90%。这种方法目前只限于实验室内。

二是“生物富集法”。这是一种把经过筛选和专门培养的海藻放在海水中进行富集铀的方法。研究发现，有些藻类能大量富集铀，有的能富集达原海水含量的5万倍，其含量达150毫克/升，已接近或超过陆上低品位铀矿的含铀量。

三是“吸附法”。这种方法吸铀量较高，是最有希望的一种方法，许多国家都在研究（图14）。到目前为止，人们已制备和

图14　海水提铀

试验了上百种吸附剂，常用的主要有：水合氧化钛、碱式碳酸锌、方铅矿石、离子交换树脂等。其中水合氧化钛是目前世界上海水提铀研究中最主要的一种吸附剂。制成的水合氧化钛复合吸附剂，每克可吸附500～600微克的铀，有的可高达1000微克以上。

目前，整个海水提铀研究工作处于试验阶段，要实现工业化生产，尚需一段距离，还有许多问题有待解决。相信人类能够充分发挥聪明才智，进一步进行科学实验，攻克一个个技术难题，海水提铀工业化定能实现。

3. 纯净镁砂海水取

海水中镁的含量仅次于氯和钠，位居第三，其浓度为1290毫克/升，总量为1800亿吨。镁和人类的关系极为密切。镁合金可用来制造飞机、快艇；照明弹、镁光灯那炽烈的光离不开镁；坚实的高压锅含有镁；镁肥能促进农作物的光合作用，增加农作物的产量；镁砖可耐2000℃以上的高温，是碱性炼钢炉不可少的炉衬；镁氧水泥硬化快、强度高，是优质建筑材料；另外，点豆腐的卤水的主要成分就是氯化镁；患了便秘的人，可用硫酸镁作泻药。

随着钢铁工业的发展，对镁砂的质量要求越来越高，世界各国炼钢所需的优质镁砂，均要求杂质含量在2%～4%，陆地上的天然菱镁矿烧结后制的镁砂是达不到要求的，而海水提取的镁砂早在20世纪60年代纯度就达到96%～98%，目前纯度已达到99.7%。这种超高纯度的镁砂，可以满足冶金工业的特殊需要。因此，人们把海水作为镁砂的“宝库”，40多年来，从海水里提取了大量的高纯度镁砂。现在，美国、俄罗斯、日本镁产量的45%以上是从海水中提取的。

世界上最早从海水中提取镁砂是在1885年。当时碱性炼钢法兴起，法国没有天然镁砂，就在南部海岸从地中海海水中提取镁砂，但因工艺设备不过关，很快就停产了。

英国也没有天然镁砂，只好从海水中提取。英国在1938年8月，工业化海水提镁试验成功，在东北海岸哈特普尔兴建了年产1万吨的海水镁砂厂。第二次世界大战后，随着钢铁工业的发展，英国多次扩建该厂，到1978年，年产量已达25万吨。该厂不仅是世界上第一个正式生产海水镁砂的工厂，而且在20世纪60年代前一直是世界上生产海水镁砂的最大工厂。

战争，促使美国于1940年开始发展海水镁砂生产。当时制一架飞机需要用0.5吨镁来冶炼合金。美国于1941年在弗里波特、1942年在贝拉斯科，分别建了年产1.8万吨和3.2万吨镁砂的工厂。到1944年，美国已有6家海水提镁工厂，年产29万吨镁砂。到20世纪90年代初，美国海水镁砂的年产能力为77.5万吨，占全国镁砂总产量的74%，成为世界上生产海水镁砂最多的国家。

日本的宇部化学公司，是目前世界上最大的海水镁砂生产厂家，年产量达45万吨。该公司从1949年开始生产海水镁砂，当时年产4000吨镁砂。日本第二大生产海水镁砂的公司是新日本化学工业公司，其高纯镁砂产量占日本第一位（约9.2万吨），现在该公司年生产能力达20万吨。日本生产海水镁砂的能力达到年产70万吨，位居世界第二位。

海水提镁，最基本的方法是往海水中加碱，使海水形成沉淀，所用的碱，几乎都是石灰。生产的简要过程是（图15），首先把海水打入沉淀槽，再把粉末石灰添入，使之与海水快速反应，经过沉降、洗涤和过滤，就可得到氢氧化镁沉淀块，再进一步烧，就可以得到耐火材料氧化镁。为了制成金属镁，须加盐酸把它变成氯化镁，经过滤、干燥，然后在电解槽中电解，就可得到金属镁。

海水提镁，说起来简单，但在实际生产中，还有许多技术问题需要解决，其中最要紧的是解决海水的杂质。只有先除掉海水中的碳酸、硫酸钙、硼酸等杂质，才能生产出纯净的镁砂。

当今世界上除了美、日、英三个主要生产海水镁砂的国家外，还有十几个国家生产海水镁砂。到20世纪90年代初，世界海水镁砂的年产量已达270万吨，约占镁砂总产量的1/3。中国由于陆地天然菱镁矿资源丰富，镁及镁化合物的来源主要靠陆地解决，只是根据需要每年利用制盐卤水生产一些氯化镁，1983年为22万吨。中国海水镁矿的开发，近10年进行了一些研究和试生产，并取得了可喜的成绩。

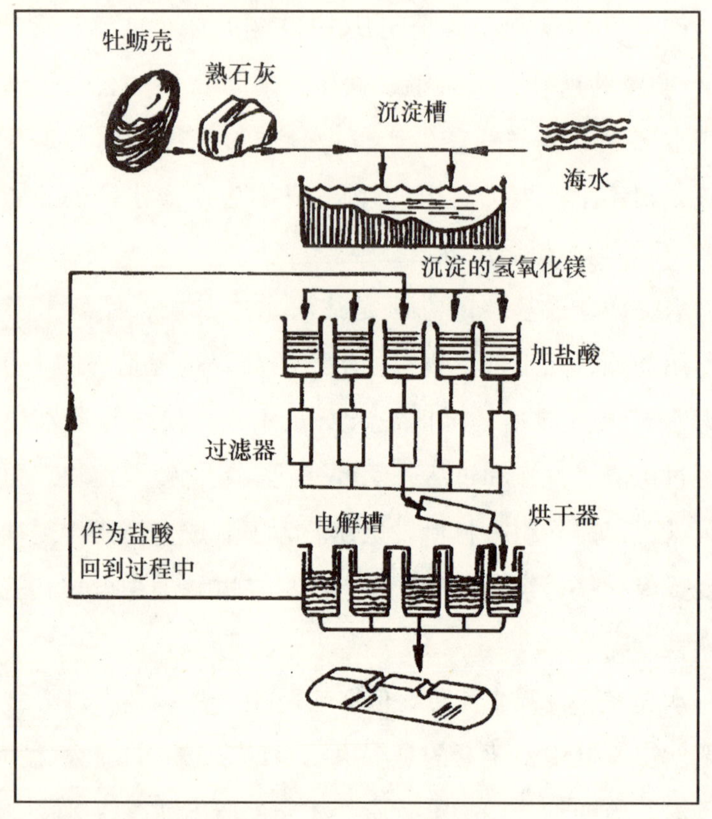

图 15　海水提镁过程

4. 源源溴素海中来

人的一生中，要留下童年的天真、青年的风采、中年的成熟、老年的深沉，那么就去照相。要想得到一张清晰的照片，离不开溴化银。

当你的神经衰弱，受到焦虑、失眠困扰时，溴剂可用来镇静。

当你染上病毒时，所使用的青霉素、链霉素等各种抗菌素都离不开溴。

溴不仅与人类的生活和健康有关，在农业生产上也大有用途，用溴制作的熏蒸剂和杀虫剂，可以消灭害虫。

在工业方面，溴也有用武之地。目前溴大量地用作燃料的抗爆剂，把二溴乙烷同四乙基铅一起加到汽油中，可使燃烧后所产生的氧化铅变成具有挥发性的溴化铅排出，可防止汽油爆炸。用溴能生产一种溴丁橡胶，溴还可以用来精炼石油等。

海水中溴的浓度较高，在海水中溶解物质的顺序表中可排在第七位，平均浓度大约为 67 毫克/升。海水中溴的总含量有 95 万亿吨之多，占整个地球溴总储量的 99% 以上。

1825 年，法国化学家巴拉尔首先证明了在地中海的海水中有溴的存在。第二年，巴拉尔用氯处理海水卤水后，通过蒸馏得到了溴。于是，这位 23 岁的青年成为“溴的发明者”。今天制溴工业的基本方法，仍沿用当初他所采用的方法。

1840 年溴被用于照相技术，于是提溴就急剧发展起来。当时欧洲需要的溴都是从卤水和天然浓盐水中提取。1865 年，有人利用制取钾盐剩下的溶液，采用二氧化锰和硫酸氧化法提溴。1877 年改为连续的氯氧化法提溴。1907 年德国人库比尔斯基在此基础上又进行了重大、改进。美国人于 1889 年提出用电解法提溴，后来又采用空气吹出新工艺，并被用于直接从海水中提溴，获得进一步发展。

1921 年发现溴加入汽油中可作抗爆剂后，二溴乙烷的用量剧增，促进了制溴工业的发展。溴的用量从 1920 年的 500 吨，发展到 1930 年的 5000 吨，于是海水提溴形成工业化生产。1933 年美国建立了日产 7 吨溴的工厂，此后英、德、法、日等国也相继建立了海水提溴工厂。这样，世界溴产量的 60% ~70% 由海水中提取。世界上最大的海水提溴工厂在美国，建立于第二次世界大战期间，该厂生产的溴，几乎占了世界海水提溴总量的 2/3。

最近，美国着重于天然浓盐水的资源开发，海水提溴因成本高而逐渐停止生产。但英、法、日等国因缺乏浓盐水资源，仍以海水提溴为主。

海水提溴技术，目前主要有两种方法。第一种叫空气吹出法，目前世界各国多采用此法。这种方法是用氯气氧化海水中的溴离子，使其变成溴，然后通入空气或水蒸气，将溴吹出来。第二种海水提溴的方法叫吸附法。即采用强碱性阴离子交换树脂做吸附剂，用于海水提溴。这种树脂具有良好的物理化学稳定性，经过 2000 次试验之后，每克干树脂的吸附量为 0. 06 克，相当于首次试验吸附量的 33. 6%。按每年生产 300 天计算，每日周转 2 次，可使用 3 年以上，每吨干树脂可提溴 150 吨。

目前，海水提溴的总产量每年为 20 多万吨，其中大部分是美国生产的，它以天然的浓盐水为原料。

中国从 1967 年开始进行空气吹出法由海水直接提溴的研究，1968 年试验成功，而后青岛、连云港、广西北海等地相继建立了年产百吨级的海水提溴工厂进行试生产。树脂吸附法海水提溴研究，中国于1972年试验成功。1977年，山东海洋学院研究发现了一种JA－2号吸附剂，可同时高效能地吸附海水中的溴和碘。使用JA－2，号吸附剂在较短时间内可吸溴达10万微克左右。估计用这种吸附剂从海水中提碘和溴，每生产1吨碘，可同时得到60～100吨溴。JA－2号吸附剂原料易得，制作简单，流过的海水损失少，可反复循环使用。

世界的溴主要用作汽油抗爆剂，其次是作农药。但这两方面都有污染环境的问题，因而已被限制使用，这样就影响世界制溴工业的发展，不少制溴工厂已转向对海水中其他成分的综合利用。相信随着科学技术的不断发展，人类将会发现溴的新用途，那时海水制溴工业将得到发展。

5. 海水馈赠的其他元素

在海水这个宝库里，人类除了提取食盐、铀、镁砂、溴之外，还提取其他微量元素。这些元素有的已形成工业规模生产，有的还在研究之中。

氯化钾，是人类从海水中提取的肥料。钾肥肥效快，易被植物吸收，不易流失。钾肥能使农作物茎秆长得健壮，增强抗旱、抗病虫害的能力。海水提钾主要用来制造钾肥。此外，钾在工业上可用于制造化学仪器和装饰品。钾亦可制造软皂，可用作洗涤剂，钾矾（明矾）可用作净水剂。海水中钾的含量为500万亿吨，远远超过陆地钾石盐等矿物的储量。因海水中含钾浓度低，仅为380毫克/升，用以生产钾肥的成本很高，长期以来，还只是利用生产食盐后的苦卤少量生产钾肥。

“重水”，是海水中蕴藏着的巨大能源。有人估算，如果把海水中含有的200万亿吨“重水”都提取出来，可供人类上百亿年的能源消费。什么叫“重水”呢？众所周知，水分子由氢和氧两种元素构成，普通氢原子量为1，但氢不只是一种，还有两种稳定性的同位素：一种叫氘，一种叫氚，它们的原子量都比普通氢大，所以又叫“重氢”。由重氢和氧构成的水叫“重水”。“重水”可作原子反应堆减速剂，也是制造氢弹的原料，还可用来发电。据计算，1千克氘燃料，至少可以抵得上4千克铀、1万吨优质煤。1970年，美国在哥拉斯湾建立了一个年产200吨“重水”的工厂，由于腐蚀严重而停产。目前世界各国正在努力从事海水提取“重水”的研究工作。

海水“淘金”也是人们所渴求的。每吨海水中含金量约为4×10^{-6}克。由于浓度太低，海水提金至今未取得成效。但黄金太有魅力了！人们处心积虑地研究海水提金的办法，目前关于海水提金的方法，已有50多篇专利文献。

此外，人类还从海水里提取芒硝、石膏、硼、锶等元素。

海水中含有的元素多属微量元素，浓度极低。在全球137亿亿吨海水中，97%左右是水，各种盐分平均只占3%～3.5%，即约5亿亿吨。而在这大约3%的盐分中，单是食盐就占78%，镁占15%，石膏占4%，钾盐占2.5%，其余所有元素一共只占0.5%左右。因此海水提取元素又叫做“稀薄工艺”，需要处理极大量的海水。因此，人类从海水提取宝藏正在走综合开发的路子，即一次提取海水，同时提取多种元素。例如把制盐和提镁、溴、钾结合起来，抽取海水之后先脱镁，再制盐，提溴，最后分离钾肥。据有人估算，如果建立一个年耗电5万度、抽水量400万吨的海水扬水站，每年约可生产10万吨氯化纳、3万吨芒硝、5000吨镁、5000吨石膏、2400吨硫酸钾、250吨溴和100吨硼酸，所抽取的水中还含有近600吨“重水”，还可获得700千克锂、200千克碘和10千克铀等。当然，要想把海水中这些元素一次性地提取出来，技术要发展到相当水平。相信随着科学技术的发展，海水这个“液体宝库”会赠给人类越来越丰厚的礼物。

八、 蓝色保健箱

当被污浊的空气熏染得呼吸不畅、被嘈杂的噪声搅得心烦意乱的都市人们，走下拥挤得像沙丁鱼罐头似的车厢，来到大海身边的时候，便欣然走进了一个清新、宁静的世界。

任咸津津、凉丝丝、湿漉漉的海风鼓满你的肺叶，荡涤净那污浊的氤氲，弯下腰来拾一片扁扁圆圆轻轻的石片儿，在波平如镜的海面打几个水漂儿，那跳动的石片，像欢快的鸟儿在海面飞翔，溅起的一圈圈涟漪由小到大扩展着、扩展着，最后融进大海的轻波微纹之中。此时此刻，扰人的烦恼、快节奏带来的疲劳，也像这水漂泛起的圈圈涟漪，消融在大海之中。

当受暑热炙烤的人们，扑进大海的怀抱，那丝丝凉意，从浑身的汗毛孔沁入心脾，凉得那么惬意，凉得那么滋润。倘若你浮仰在轻波微浪之上，再合上眼睛。这时，你的心灵仿佛贴上了大海的心灵，你的脉搏也仿佛和上了大海的脉搏。别动也别想，任海水轻轻地抚摸，任波浪细细絮语，昨日的忧忧郁郁、恩恩怨怨，顷刻间抛进了深深的海底，只有生命的激情在体内汹涌澎湃。

回归海洋，返璞归真，是多么令人亢奋，多么令人舒畅！

海洋，不仅奉献给人类宝藏和食粮，还使人类益寿延年。科学家认为，海水的比热系数较大，白天可以最大限度地吸收热量，夜晚又将大量的热量释放出来。因此，一年四季，气温变化不大，是一个良好的自然“空调机”。这样能保证人体的代谢稳定，内脏负担均衡，对人体健康有益。

大海波涛澎湃，海浪的撞击可以产生大量的负离子。据测定，海滨地区的负离子浓度高出内陆的1倍。负离子使空气清新，人呼吸这样的空气，心旷神怡，增进健康。特别是在工业化的社会里，被空气污染困扰的人们，能呼吸到这样清新的空气，对健康长寿大有裨益。

民间曾流传着“海水亦良药，可祛风瘙癣”的说法。这是因为海水有杀菌的作用，常在海水中泡浴，可祛皮肤上的癣。另外，那涌动的海水，对身体还有按摩作用，夏季洗洗海水浴，会使人浑身舒畅。

大海，不仅创造了一个有益于人类健康的环境，而且还为人类提供了医治百病的灵丹妙药。辽阔的海洋，是人类硕大无朋的“保健箱”。

从海洋的藻类、无脊椎动物、脊椎动物中，可以提炼出抗菌，治癌，治心血管、消化道、呼吸道等疾病的良药；还可以从海洋生物中提取代血浆；海洋还奉献了使人延年益寿的滋补药品。

早在古埃及时，人们就知道从河豚鱼中提取治疗癫痫病的药剂。中国秦汉时期的《黄帝内经》中就有了乌贼入药的配方。至于马尾藻和海带的药性和用法，在公元5世纪南齐《名医别录》中就有记载。明代李时珍的《本草纲目》中收录的海洋药物便达91种。今天，随着科学技术的发展，人类不断从海洋生物中研制出新药来。

海洋，曾用充沛的乳汁哺育了人类远祖的生长；

海洋，又用丰富的“蓝色药箱”保障人类的健康。

1. 来自海洋的“血浆”

某医院手术室中，无影灯洒着柔和的银光，麻醉后的肺癌患者静静地躺在手术台上，一场拯救患者生命的战斗正紧张地进行。主刀医生捂得严实的大口罩上方那双明亮的眼睛凝视着患者被切开的胸腔，护士将一把把手术器械递上来又接过去，一位助手注视着监示器上显示的患者血压、心跳变化情况……

不妙！患者因失血过多，血压降到了60/40毫米汞柱，处于休克状态，急需输血！

护士为他输入的并不是鲜红的血浆，而是一种橙黄色的透明液体。奇怪的是，这种液体一输入，患者的血压立即升到110/90毫米汞柱，脉率也由130次/分降到80次/分。

手术顺利地完成了。

这种橙黄色的透明液体，是从海洋棘皮动物“罗氏海盘车”

身上提取的代血浆溶液。在进行外科手术，治疗大出血、烫伤、烧伤及其他外伤引起的休克等症时，静脉注射“海盘车代血浆”，能够维持血压或增加血液循环中的血容量，收到输入人血浆所起到的作用。

海盘车又叫海星，在大海里比比皆是。有的海星形如五角星，有的长着十多个细长的爪子，形状很像太阳放射光芒的图案。海洋里有2000多个海星品种，大都生活在潮间带和近岸平静的海域。

在海洋中，除了海星可提取代血浆外，褐藻也可以提取代血浆（图16）。

海洋里，褐藻的种类繁多，常见的有海带、裙带菜、鼠尾藻、海蒿子、羊栖菜、海黍子、铜藻等。它们在工业、食品和医药上都占有重要地位。

褐藻加入热碱水之后，就能够提取褐藻胶，再经过一系列工序，就能制成褐藻胶代血浆。中国国内医疗单位又叫这种代血浆为低聚褐藻酸钠注射液。医院在抢救伤员时曾用过这种代血浆。

经临床试用表明，褐藻胶代血浆的优点是：不在体内积蓄，不影响内脏器官，对循环系统有很好的充实作用，并能加快体内排出毒素。这种代血浆升压效果明显，能防止血液浓缩并能加速组织胺的排除。

褐藻胶代血浆中，只含有千分之四的褐藻胶，另外还要加葡萄糖、氯化钠及其他缓冲剂。国外一些药厂生产这种代血浆，有的还特别加入氨基酸，以增加营养。

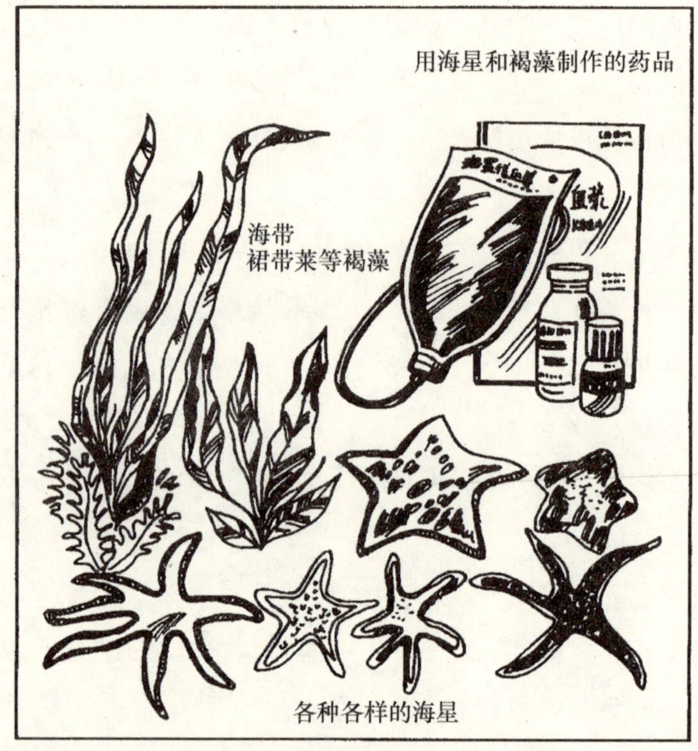

图16 用海洋生物制作“人工代血浆”

褐藻胶代血浆，生产设备简单，如有合格的原料，一般的药液生产单位，都可自行制配。

海星和褐藻资源十分丰富，相信人工提取代血浆前景广阔。

2. 围歼“癌魔”的生力军

当今世界上，对人类生命威胁最大的病魔，除了艾滋病，就是癌症了。据世界卫生组织估计，世界每年约有500万人死于癌症。

癌症危害人类的时间远比艾滋病长。因此，人类围歼癌症的战斗也早已打响。

手术切除，化疗射杀，药物抑制，气功催化，中子闪击，激光照射，低温冷冻，断血疗法……可谓千般手段驱瘟神；

天上飞的、地下跑的、化学的、生物的，凡是能下药的，统统拿来，真是万种药物灭癌魔。

除此之外，人类也从海洋生物中寻找抗癌药物。经过试验，海洋中的藻类、腔肠动物、脊椎动物，都可以提取治癌的活性物质。

褐藻因含有多种成分，也是探索抗癌药的药源。有的人在鼠尾藻中提取一种酸性多糖成分，能抑制小鼠的艾氏腹水瘤；萱藻的提取物可抑制肉瘤生长；海蒿的提取物除对肉瘤有抑制作用外，还可治疗子宫瘤、腹水瘤；昆布及马尾藻的提取物也有抑制肿瘤的作用。据国外资料报道：用褐藻治疗癌细胞转移的病人，有162例病人使用藻体胶，获得良好效果的占68%。国内有利用褐藻类及其他海洋生物配制“四海舒郁丸”，在治疗甲状腺癌方面，有较好的疗效。另外，从海带中提取的甘露醇，可制成具有抗癌作用的甘露醇氮介、二溴甘露醇等药物。

近来还发现，褐藻中的碘对预防乳腺癌很有效。从动物实验表明，如果用无碘食物饲养动物时，乳腺癌发病率增加。乳腺癌生长时，若给予大量含碘食物，有的动物可痊愈。有人曾作过调查，在缺碘地区，居民患乳腺癌的比例较大，大都是因碘不足引起乳房异常，以致发展到癌。据统计，乳房异常患乳腺癌的机会较乳房正常的高4倍，如果多吃一些褐藻，就会起到预防作用。

海洋里生长着许多种海绵动物，它们属无脊椎动物。近年来，科研人员发现许多海绵动物中有对细胞生长发育有明显抑制作用的物质，而且有的具有抗癌活性。如将高山海绵属、紫海绵属等种类动物，用生理盐水制成悬浮液，就可抑制小鼠肿瘤的生长。又在另一些海绵动物身上，发现了多种以前所不知道的核苷物质，而这些核苷及衍生物都有抗癌作用。药学家以海绵动物的核苷为基核，合成了阿糖胞苷，在临床上治疗淋巴癌、肺癌、消化道癌，都有一定的疗效。

提起干贝，人们并不陌生。它的肉体被两个像张开的扇子一样的贝壳包裹着，因此，人们又叫它扇贝。别看它光秃秃的没长腿脚，可它运动很迅速。仔细观察发现，扇贝运动时正确地运用了力学，用它那强大的闭壳肌不断伸缩，使两扇壳体不断启闭，海水快速地喷出而推动着身体前进。

扇贝的闭壳肌力气可真不小，一旦它将双壳闭上，任凭人的双手怎样使劲也甭想将它掰开。它的闭壳肌蛋白质构成特殊，加工干制就成了名贵海珍“干贝”。近年来，药学家研究发现，“干贝”除有营养价值外，还可药用。据报道，在扇贝的闭壳肌中，可提取破坏癌细胞的成分，把它注射于小白鼠的癌瘤中，5周后，癌瘤可以消失。另外，从扇贝的卵巢中提取的糖蛋白，对治疗动物的血癌很有效。尽管现在还未用于病人临床治疗，但这种新苗头令人去进一步探索。

河豚鱼的毒素，是令人恐怖的，早在中国战国时代就有“豚鱼食之杀人”的记载。有人作过分析，在一个大型的紫色东方豚中所含的毒素，可以使 33 人致死。但是，河豚鱼的肉味又十分诱人，民间有“吃了河豚百味无”之说。正因为如此，世界上每年仍有几百人死于河豚之毒。

正因为河豚有毒，它才具有特殊的药用价值。药学家利用河豚毒素治疗癌症，在动物实验中，对动物体内的肉瘤及肝癌都有不同程度的抑制作用，在临床应用上也能收到一些效果。有的医药单位用河豚肝制成一种叫“新生油”的药物，可用来抑制食道癌、胃癌、鼻咽癌及结肠癌。国外也有用河豚毒素制成癌症后期疼痛缓解药。

螃蟹的美味有口皆碑，然而蟹的硬壳每每却被食蟹者一丢了之。日本加吉公司 1989 年从虾皮蟹壳中成功地制取用来分离水和乙醇的高性能分离膜。日本尤里期卡公司利用虾、蟹类甲壳中含有的天然高分子几丁质，成功研制了人工皮肤，并投入商业化生产。美国杜邦化学公司用蟹壳制造的手术缝合线，可以被人体吸收，使患者免除拆线之苦。

另外，日本伊原化学工业公司的研究人员查明，从虾、蟹壳中提取的一种被称为 NACOS-6 的物质，能抑制癌细胞的增殖和转移。把这种物质与现有的抗癌药结合使用，可增强抗癌效果。他们用肺癌已转移的小鼠做实验，证明这种物质有较好的抗肿瘤效果。科学家认为，产生抗癌效果的主要原因是，NACOS-6 物质能增强细胞的活性，还能诱导干扰素的作用。由于活性增强，防感染的效果得到发挥，从而显示出抗癌的作用。

鲨鱼是地球上的“抗癌勇士”，它从来不患癌症。美国佛罗里达州一家海上实验所的生物质学家，曾用一种极强烈的致癌物质——黄曲霉毒素饲养鲨鱼。但是，他们在报告中宣布：“在将近8年间，未曾发现过一条鲨鱼长出肿瘤。”

鲨鱼最有效的抗癌武器之一，就是它那很特别、全部由软骨组成的骨架。美国麻省理工学院化学工程师罗伯特·兰格发现，鲨鱼的软骨里有一种物质能阻止血管供应血液给肿瘤。兰格和波士顿的外科医生朱达·福克曼发现牛犊的软骨组织中也有类似的抗癌物质，但是鲨鱼软骨中这种物质具有的抗癌能力比牛犊软骨强10万倍。现在，他们正在研究如何从鲨鱼软骨中提取制造防癌药品的物质。

在海洋生物群中，还有许多生物能提取抗癌物质。如从蛤蜊中提取的蛤素，经试验，对小鼠的肉瘤和腹水瘤有抑制和缓解作用；从蛤肝中提取的“胞灵Ⅲ”，除对肉瘤有抑制作用外，还有抗血癌的作用。从乌贼骨中提取的一种物质，对患腹水瘤的小白鼠的抑制率为43%～55%。最近有人研究发现，海龟的胆汁对肉瘤及艾氏实体瘤都有不同程度的抑制作用。有的医药单位利用玳瑁制成的“玳瑁散”，在临床上治疗肺癌，收到一定疗效。

尽管对海洋生物抗癌物质的研究和提取取得了一些成绩，但这仅仅是起步阶段，一些药物的治癌效果还不尽如人意。相信随着研究工作的深入开展，海洋抗癌药物，将成为围歼“癌魔”的一支生力军！

3. 为“生命之泵”注入动力

心脏，是人的生命之泵，它的正常运转，使人不断进行新陈代谢，保持生命的活力，它一旦停止了运转，人的生命也就终结。

在欧美一些国家心血管疾病的死亡率比肿瘤的死亡率还要高。据中国的统计，死亡率排在前三位的是：呼吸系统疾病，心血管病，癌症。由此可见，心血管疾病是危害人类健康的大敌。

为了人类的健康，世界各国对防治心血管疾病进行了不懈的努力，用海洋药物治疗心血管疾病，也成为人们探索的重要课题之一。

近年来，国外在利用鱼油对心血管疾病进行防治方面，取得了较大的进展。

海洋鱼类油脂中含有的不饱和脂肪酸，具有扩张血管、抑制血小板凝集、降低胆固醇、降低血压、降低血液黏度、防止动脉硬化和防止脑血栓、心肌梗塞等生理作用。这种不饱和脂肪酸多存在于沙丁鱼、鲐鱼、鲱鱼、秋刀鱼和鲸之中。像沙丁鱼含有的不饱和脂肪酸的主要成分二十碳五烯酸和二十二碳六烯酸分别为8%～10%、15%～34%，鲐鱼为8%～10%、11%～15%，秋刀鱼为5%～6%、7%～15%。

吃鱼能减少冠心病，这是人们从长期生活实践中得出的结论。生活在北极的因纽特（爱斯基摩）人，祖祖辈辈以渔猎为生，由于他们大量摄食富含不饱和脂肪酸的鱼类和其他海洋动物，因此，对心血管疾病有明显的免疫性。据调查，因纽特人是世界上冠心病发病率最低的民族，而且几乎没有患糖尿病的。日本曾对渔民和内陆农民作了调查，结果表明，渔民吃鱼的数量比农民高3倍，血浆中的二十碳五烯酸比农民高1.7倍。渔民的中性血脂要低得多，血小板凝集机能亦相当低。因此，患心血管疾病的渔民比农民少一半。

国外已将鱼油药品用于临床。据报道，用90%纯度的二十碳五烯酸给脑血栓患者临床服用，疗效较好。另外，给12名高血脂性血渗析患者服用13周鱼油胶囊，结果血清胆固醇和磷脂都明显降低，血压明显下降，证明鱼油对预防动脉粥样硬化及其并发症是有效的。有人还对206名冠心病患者作了长期观察，结果表明，服用鱼油的患者不仅可降低血清胆固醇，而且与没有服用鱼油的患者比较，可延长寿命。

使用鱼油治疗心血管疾病，已被世界各国重视，因而鱼油身价倍增。美国每年都要给医疗单位提供大量鱼油，以供降血脂和防治心脏病之用。

日本大洋渔业公司自1980年以来，就已把鱼油中的二十碳五烯酸作为药物研究，而且已出售一种知名的鱼油药品（包括有粉剂和胶囊密封的二十碳五烯酸油）。另外，各类鱼油保健食品在日本都有上市。

中国使用鳐鱼肝油、马面纯鱼肝油和带鱼油等做鱼油降血脂实验，经临床试用，也已取得很好的效果。

“出没沙咀如浮罂，复如缁笠绝两缨，混沌士窍俱未形，块然背负群虾行。”这是宋代诗人沈如求描写海蜇的诗句。

海蜇属腔肠动物。形若大伞的海蜇在海洋表面随波漂流，恰似蔚蓝色的天空飘浮着的朵朵降落伞。

海蜇头长满无数根紫红色的须子，它是由特殊细胞构成的，其形状像一个小袋子，里面装有中空的细丝，细丝尖端为刺。静止时，细丝在袋中盘为螺旋形，一旦受到刺激，细丝就会放出有毒液体。人挨了海蜇头蜇，皮肤立即红肿，痛痒交加，如果面部挨蜇，重者会窒息而死。

人们研究发现，海蜇刺丝的毒素，是一种多肽物，对于人的心脏有收缩作用。有人将海蜇头加热，使它溶成每毫升含有1克的原液，给兔子作静脉注射，可观察到兔子的血管舒张和血压下降。海蜇毒素有可能发展为医治心血管系统疾病的药物。

另外，海蜇肉也可入药。《古方选注》中的“雪羹汤”药方，就是用一份海蜇肉、三份荸荠加水煎熬而成。有人用此方治疗原发性高血压，临床治疗200余例，有显著疗效者达82%。

除海蜇之外，海洋腔肠动物中的海葵也有治疗心血管疾病的作用。

海葵生长在海滨岩石上，或半截身子埋在沙土里。它长着无数只触手，当这些绚丽的触手全部伸展开时，在海水中随波摆动，宛如一朵怒放的秋菊，摇摆纤细的花枝。

海葵的触手也含有毒素，像夏威夷和琉球群岛等海域生长的海葵，含有的毒素是海洋生物中最毒的一种，它对心血管有很强的收缩作用。

普通的海葵中还可提取抗凝血剂，其延长凝血时间比肝素强14倍。由动物试验推测，海葵提取物很有希望制成防治心血管病及抗癌药物。

中国民间有种传说，病人血压高时，吃蒸海带可以降下来。所以，一些高血压病人，就用海带辅助治疗。这种用海带降压的疗法，在日本也运用。

1960年，有位名叫龟田的日本医生报道了他利用海带治高血压的临床经验。他是用50～60℃的水浸泡海带，把浸泡下来的浓缩海带水，直接给高血压病人口服。然后，测量血压情况。在口服后10分钟时，病人血压降了8.9毫米汞柱，1小时后降了17.3毫米汞柱，4小时后，降了21.5毫米汞柱。

这一报道引起了人们的关注。有人在此基础上进一步研究，将海带的浓缩液用甲醇沉淀并干燥得到粉末，当给病人口服3克粉末后，即有显著的降压效果。后来又用离子交换树脂分离精制，把所得的精制品给病人口服，可得到更明显的降压效果。

茫茫大海，芸芸众生，可入药治疗心血管疾病的比比皆是。香螺的唾液腺中可分离出一种含氨毒素，这种毒素在动物实验中，有降低血压、扩张血管和稳定心率的作用。利用贝壳制成的珍珠粉可治疗风湿性心脏病。有人从章鱼身上提取一种多肽物质，可使血管扩张、血压下降。“虾中之王”的龙虾体内含有的肌碱，对心脏有抑制作用。从鲨鱼等软骨鱼类中提取的“软骨素”，能抗动脉粥样硬化和抗血管内斑块的形成，并能降低心肌耗氧量，又有抗凝血、降低血脂及改善动脉供血不足等功用，是治疗心血管病的良药。

资源丰富的海洋药物，为人的“生命之泵”提供了新的动力，使人的血脉通畅无阻。

4. “无形杀手”的克星

大千世界里，有着肉眼看不见、摸不着、数不清的各式各样的细菌和病毒，它们无孔不入，像一群“无形杀手”，侵蚀着人的健康肌体，使人们染上各种疾病。

海洋里，有着对付这群“无形杀手”的“克星”。

在中国的南海，蔚蓝色的水下，生长着色泽瑰丽、姿态万千的珊瑚，有的宛如火树银花，有的恰似玉树琼枝，有的好像簇簇球莲……

珊瑚是由无数珊蝴虫聚集而成，属于腔肠动物。珊瑚虫以其“辛勤劳动”，用自己的骨骼，在大海上生成珊瑚岛礁。我国的西沙和南沙群岛，就是珊瑚虫筑起的。

珊瑚不仅是可供观赏的天然艺术品，而且还是有价值的药材。中药有一味药叫“鹅管石”，实际上是栎珊瑚和核珊瑚。“鹅管石”常用来治疗肺结核。中国南海渔民还将盔形珊瑚磨成粉末冲服，用来治痢疾。有人还分别从柳珊瑚及鹿角珊瑚中，分离出具有抗菌、抗酵母及抗原生动物的药物。

鲍鱼，是海洋中的珍品，肉质细腻鲜嫩，吃起来非常爽口。鲍鱼肉体外面护着一个像人耳朵形状的硬壳，它的肉有着很强的吸附力，它吸在礁石上时，如果不用铁铲子铲，任凭你把它的壳敲破了，也不能把它从礁石上揭下来。

鲍鱼的壳和肉都可入药。美籍学者李振翩等人发现，当用鲜鲍鱼罐头汁饲喂小鼠时，它对实验性脊髓炎有抵抗力。这一发现引起了他们的兴趣。经过进一步研究，他们在鲍鱼肉及其黏液中分离了三种黏蛋白，在抑菌实验中，分别看到有抑制链球菌、葡萄球菌、疱疹病毒、脊髓灰质炎病毒等作用。这种黏蛋白，后来在蛤类、牡蛎中也曾提取过。

有一味中药，叫"瓦楞子"，它是生活在浅海泥滩上的蚶子类的贝壳。蚶子类贝壳表面有整齐的凸起肋纹，呈放射状排列，很像房顶的瓦垄一样，所以俗名叫"瓦楞子"。其实，蚶类不仅贝壳可入药，而且肉也能治病。有人对蚶肉作药物提取，然后，用提取物做抗菌试验，发现对葡萄球菌和大肠杆菌显示较强的抑制作用，可作为新型抗菌药物。

河豚鱼除了其毒素可治病外，它的精巢也是制药的原料，可提取含有组氨酸、精氨酸及亮氨酸三种氨基酸组成的鱼精蛋白。这种蛋白能抑制微生物的生长，对痢疾杆菌、伤寒杆菌、葡萄球菌、链球菌、霍乱弧菌等均有抗生作用。另外，这种蛋白还有防治流感的作用。

鱼身上的器官也能提取抗病毒药物。鱼胆中就有抗菌成分。据报道，有人用鲭鲸鱼胆对葡萄球菌、大肠杆菌、枯草杆菌等6个菌种实验证明，有明显的抑菌作用。

用磷脂治疗急、慢性肝炎等肝病，已为许多医生所称道。磷脂这类药物，在鱼的脑、脊髓和卵巢中可以得到。在鱼脑及脊髓中得到的多为脑磷脂和神经磷脂，在卵巢中得到的则多为卵磷脂。

在海洋里，生长着许多微生物，像单细胞藻类、原生动物等。这些微小藻类当中有的具有杀菌成分。人们发现南极企鹅的肠道内没有细菌。原来，企鹅以磷虾为食，磷虾则是吃蓝藻的。后来，科研人员在这种藻类中发现有杀菌的丙烯酸。

现在，人们已从海洋微生物中提制新药。如在意大利沿岸的海水中找到顶头孢毒，从其中分离出几种顶头孢毒素。这些抗菌素具有很好的抗菌作用，对革兰氏阴性和阳性细菌都有效，又因其对青霉素分解酶较稳定，所以能杀伤对青霉素有抗药性的葡萄球菌。它的作用机理是阻碍细胞壁的合成。国产的“先锋霉素—1”就是它的衍生物。

1982年，美国海军人员在百慕大三角海区发现了一处没有细菌的海面，原来，这里生长着一种具有强烈杀菌作用的黄色马尾藻。因而，美海军有关部门宣称：“这里是海战伤员的天然疗养胜地。”

海藻中有许多具有抗菌和抗病毒作用，像绿藻类中的刚毛藻含有能抑制小鼠脑膜炎和肺炎病毒的活性物质。浒苔和刚毛藻提取物对荧光假单细胞菌和包皮垢分枝杆菌有明显的抑制作用。礁膜提取物对金黄色葡萄球菌有一定抑制作用。

褐藻门类中的裂叶马尾藻水醇提取物对金黄色葡萄球菌、绿脓杆菌、大肠及副大肠杆菌、伤寒杆菌等有较强的抑菌作用。羊栖菜提取物抗小鼠肉毒素 A 中毒作用显著，小鼠存活率高达95%。海黍子分离出环戊酮化合物也有明显的抑菌作用。

红藻门类中也有许多具有抗菌、抗病毒作用。如石花菜和角叉菜含有硫酸化半乳聚糖，对流感病毒及腮腺炎病毒有抑制作用。粗茎软骨藻分离出的软骨藻毒，体外试验对革兰氏阳性菌、耐酸菌及真菌等有抑制作用。

褐藻提取的琼胶可用来做细菌的培养基。19 世纪，德国著名细菌学家柯赫在研究细菌时，发现许多种细菌混杂在一起，就是无法分开。他想到要把细菌分开，除非把细菌培养在既像液体又像固体的培养基上。他为这个难题绞尽脑汁。一天，他又在房中来回踱步，不断自言自语："什么东西既像液体又像固体呢?"他的妻子听到了，搭上一句："那是冻粉!"柯赫听了妻子的话茅塞顿开，马上试验，最后取得成功。

直到今天，抗菌素工业和微生物研究部门，培养、分离纯种细菌，仍然使用琼胶培养基。琼胶在细菌研究、医药发展方面起了重要作用。

中国东南沿海有一种叫鲎的节肢动物（图 17)。它的外形像盔甲，背上好像插把刺刀。鲎是地球上的"活化石"，在 5 亿年前古鱼类还没有出现时，它们已经存在了。任凭岁月流逝、沧桑变迁，同时代的生物或进化或灭亡，只有鲎变化不大，顽强地活到今天。

鲎从体内流出的古老而神秘的蓝色血液，用途可大了。采集到的鲎血经过提纯、冷冻、干燥后变成粉末，它可以极其敏感地检查出革兰氏阴性细菌。众所周知，这种细菌可以诱发淋病和脑

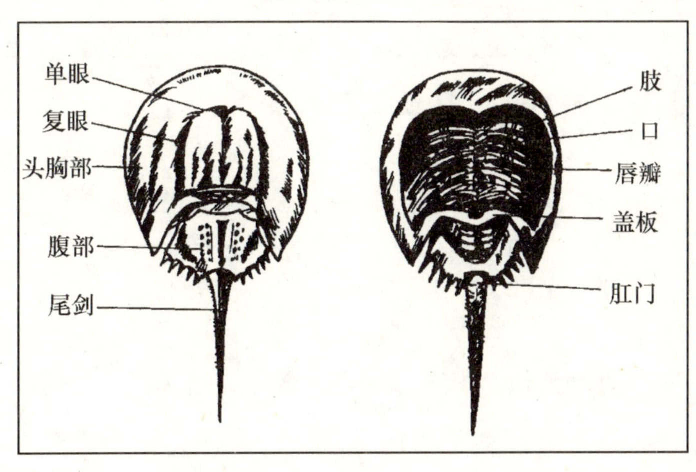

图 17　鲎鱼试剂

脊髓膜炎。

鲎血中有一种自动闭合系统，只要一靠近革兰氏阴性细菌或内毒素，便会立刻凝结起来。由于鲎血有这一特殊反应，因而在临床检验上，可用来对病人的内毒素血症进行检查，很快就得出结果。以前靠细菌培养鉴别法检验，要花几天工夫，会耽误治疗。而目前使用鲎血试剂只需 2 个小时，即可得出结果。再如，诊断孩子是否得了脑膜炎，用鲎血试剂 15 分钟就可查出结果，减少了因延误时间造成患儿死亡的可能性。

鲎血试剂还可用来检查药物中的热原。目前检查热原，药典

规定是用兔子来检查。这种方法需要的时间长，操作烦琐。若用鲎血试剂检查热原，方法简单，只用1小时便可得到结果，而且灵敏度高出10倍左右，如用常规的细菌培养法则要二三天。鲎血试剂检查热原，在抗菌素生产中有着重要作用。中国广西等地的制药厂已试制成功鲎血试剂。

总之，有了鲎血这个灵敏的“侦察兵”，就能及时查出危害人类的某些病毒，使人类把它们消灭。

5. 碧海捧出滋补药

在辽东的外长山岛素有“山上人参，海中海参”之说。人们不仅把海参作为节日宴席的佳肴，而且也把它作为天然滋补品。年迈的老人，进入冬季后，每天早晨吃一二只发得又嫩又软的海参，以求延年益寿。患了病的青壮年，也常常吃海参，滋补身体。

海参属棘皮动物，分布于世界各海洋中，已知的有1100种，以印度洋、西太平洋海域居多。中国发现的海参有20多种，主要经济种类有辽东的刺参、广东的广参、浙江的瓜皮参、西沙的梅花参等。其中辽东产的背生肉刺的刺参体型大，肉质厚，品质最佳。另外，西沙群岛盛产的梅花参最长的可达1.2米，是海参家族中个体最大的一种。

海参一般生活在海水平静、海藻多的岸礁底和珊瑚礁周围。

它的再生力极强，一旦遇到敌害袭击，会用力收缩身体，把内脏从肛门排出，让敌害吞食，以此保住身体。不久，它会重新长出新的内脏。海参还具有分身术。它会把自身切成数段，以后每段又长成新的海参。

海参有很高的营养价值，含有丰富的蛋白质及人体所必需的多种元素。据分析，干海参含蛋白质76.5%、脂肪0.9%、碳水化合物10.7%、矿物质3.4%、钙3.5%、热量369千卡，含有多种维生素，但没有胆固醇。海参中含有大量的黏蛋白，其中包括软骨素成分，而软骨素的减少与肌肉的超龄现象有关。所以，常吃海参能延缓衰老。

在中国古代，就已经把海参作为滋补良药。古书《五杂俎》记载："辽东海滨有之，其性温补，足敌人参，故曰海参。"《药鉴》、《药性考》、《本草纲目》等古代医药书中均有记载。清朝末年赵学敏编辑的《本草纲目拾遗》中论述："海参性甘温无毒，具有补肾阴、生脉血、益精髓、消痰涎、壮阳疗痿、治下痢及溃疡"等功效。有的古代文献还记载："海参有滋阴、补血、壮阳、滑燥、调经、养胎、利产"的作用。

近年来，科学家还发现，海参体内有一种粉红色腺体。这种腺体的海水浸出液中含有一种海参素，可阻断神经的传导，对肿瘤有明显的抑制作用。它还具有抗微生物的活性，能抑制多种霉菌生长，对中风的痉挛性麻痹症等也有一定的疗效。

在海边礁石上，生长着一种贻贝，又叫"海红"、"淡菜"。它那淡红色的肉体，被两扇乌黑晶亮的贝壳包裹着，靠一撮毛状的东西，将整个身体牢牢固定在礁石上。落潮了，灰褐色的礁石上裸露出一片片黑亮的贻贝，它们一个紧挨一个地挤在一起，用手往往费尽了力气也难以将它从礁石上揪下来，只能用铁铲子铲下来。

贻贝营养丰富。若将鸡蛋的营养指标定为100，那么干贝是92，虾是95，牛肉是80，而贻贝可达98。所以，人们又把贻贝称为“海中鸡蛋”。贻贝含有维生素 B_1、B_2、B_{12}，还含有丰富的维生素D。

在中国民间，流传着许多用贻贝治病的验方。例如将贻贝与陈皮研末，炼制蜜丸，可治疗头晕及盗汗；将贻贝与松花蛋共煮吃，可治高血压；贻贝用酒浸过，再与排骨一起煮着吃，有润肺化痰的功效。目前，中国已生产出海贻口服液，具有治疗和滋养作用。

中国有名的海产——虾（图18），不仅美味可口，而且也是滋补品，如《本草纲目拾遗》中记载：“对虾，补肾兴阳治痰火后半身不遂，筋骨疼痛。”民间还用鲜虾浸酒炒食治阳痿，虾肉配伍其他中药，可治神经衰弱等症。

虾族中的龙虾，含有大量的蛋白质、氨基酸、维生素和脂肪、糖元等，和对虾一样，具有补肾壮阳、滋阴、健胃的功能。

人若患了某些疾病，医生有时不让吃饭，像严重的肝硬变病人、胃肠出血、严重烧伤、手术后休克等患者。这时要供应身体营养，只能输入水解蛋白。这种水解蛋白以前都是用干酪素为原料制成。后来，科研人员发现，鱼肉的蛋白质经水解后可得17

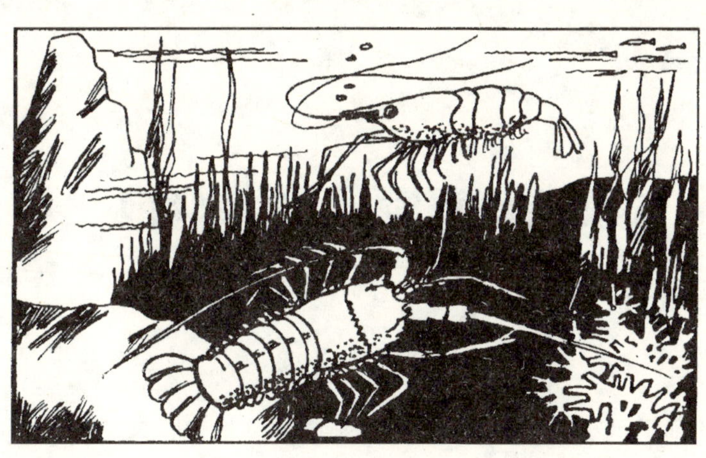

图18 虾族

种氨基酸。因而，目前市场上已出售用鱼肉蛋白制造的水解蛋白注射液。

中国自古以来，把鱼鳔作为大补气血、治疗虚劳的药物。直接服用鱼鳔胶珠，对神经衰弱，小儿慢脾风、妇女经亏、赤白带下、崩漏等，都有显著的疗效。

海马，其实并非像骏马那样高大善跑。它只有6～20厘米长，腹部凸出，长着细长的尾巴，只因头部像马头，人们便送一芳名“海马”。别看它身体弱小，可把它加工成干品，却是名贵的中药材，素有“南方人参”之称。现代医学研究表明：海马有补肾壮阳、生肌强心、舒筋活络、散结消肿、止咳平喘、镇静安神等功效。

中国海洋生物资源丰富，而一些海洋生物营养滋补产品制作技术并不复杂，可以预见，随着人民生活水平的提高，将有更多的海洋生物营养滋补品得到开发，为人类的健康长寿作出贡献！

九、人类新的旅游、娱乐胜地

陆地上的生活使人类常常感到平淡、枯燥，富有好奇心和喜欢“找新鲜”的人类，希望一个全新的旅游、娱乐世界。这自然就想到了海洋，因为海洋是人类的“第二世界”。于是，有能力征服海洋的人类在海上满足了自己的要求，实现了自己的“梦想”。

究其实，娱乐潜水也好，海上体育运动也好，到水下观光也好，到海洋公园寻找乐趣也好，所有的与海洋有关的旅游、娱乐活动，都是来自人类征服海洋过程中的经验积累。从这个意义上讲，没有劳动就没有娱乐。

1. 潜到海底娱乐

人类最初的潜水活动是在水下扎个猛子。

扎猛子在水下待的时间短，人在水下的憋气和换气是很难交替的，这常常使人类幻想出现某种装置，使水下活动时间更长一些。

潜水技术的大发展可以追溯到18世纪。谢瓦利埃·德·博沃的喇叭式水套和弗雷米内的潜水装置相继问世，这使得人类潜水技术有了很大提高。至于“潜水服”一词的应用，则出自法国人阿贝·德·奥特博叶，他最先使用这个名词。

潜水服的出现，使人首先想到了潜水娱乐。在过去，法国人是不允许女性裸露身体的，因此，女性没有机会参与游泳和潜水活动。有了潜水服后，身体包在潜水服内，女性可以有理由参与潜水娱乐了。1797年，法国人成功地制成了一件头部和腰部是金属、其他部位是皮革的潜水服。裤筒和袖筒都只有腿和胳膊的一半长，因此，在水下腿、胳膊可以自由活动。潜水时，先把潜水员用一个大型木质潜水塔送入水中，再转动潜水塔的手柄，通过齿轮带动活塞压缩潜水塔内的空气，不断给潜水员提供所需的呼吸气体，并调整潜水塔的浮力。

自从潜水服出现，就有人预言娱乐潜水将风靡世界。1934年，有个名叫盖伊·吉尔伯特里克的学者著书预言，体育潜水将很快成为世界性的室外活动，其实，那时体育娱乐潜水已在一些地方时髦起来。

在美国沿海的海滩上，人们时常看到这样的情形：一位组织者将大把大把的硬币撒向大海，之后发出“开始”的口令，已经等候在浅海滩或礁石上的男女潜水员们，一齐潜入海底，他们这是进行海底捞硬币比赛。比赛评比，是看谁捞的硬币最多，比赛结束后，由组织者发给优胜者潜水刀、气瓶、面罩等奖品，还可获得一次去名胜古迹旅游的机会。这种活动，美国几乎每年暑期都举行，参加的人员有时成千上万。这项潜水娱乐，对推动大众的潜水运动，产生了很大的影响（图19）。

图19 潜水娱乐

娱乐潜水必须掌握方法。首先要掌握潜水知识，要由教练员指导帮助，其次要理智地估计自己下潜的深度和潜水海域的安全度，不能盲目下潜。一般情况，娱乐潜水只有两类：一类是裸潜，另一类是斯库巴潜水。裸潜主要是自由潜水，这是一个潜水员的一种最基本的技能，所需的器具实际只有一个面罩和呼吸管，这种活动简便易行，世界上每年都有几千万人参加进行这一活动。斯库巴潜水是指潜水员潜水时必须携带一套自给式水下呼吸器，它在当代体育比赛中是最流行的一种形式。使用这种潜水装置，必须经过专门训练，如果缺乏必要的指导，对潜水娱乐者来说，安全上缺乏保证。

娱乐潜水包括潜泳比赛、水下狩猎、水下摄影及水下探奇等。

水下摄影被认为是最时髦的一种潜水娱乐，电视画面上或是画报上出现的海底景观常常使人赞叹不绝，这就是水下摄影的成果。自从人类掌握了水下摄影的技能，海底世界再也没有那么神秘了，现在随着海底摄影器材的不断发展和完善，越来越多的人希望学会潜水，到海底去拍摄奇妙的海底世界。

水下摄影必须具备三项条件：一是有水中摄影器材，供水中使用的摄影器材要水密性好，不透水，还要有水中闪光灯及测光表等；二是要有便于在水中操作的潜水装具，一般应具备有潜水衣、呼吸器具、脚蹼、计时器等；三是要有潜水技术和水下常识以及水中防救知识。

水下摄影的技术装置还有待于进一步完善和改进，会有更多的人加入到水下摄影的队伍中，到那时，海底世界将会袒露在人们的面前。

潜水娱乐作为体育运动项目，已经出现了惊人的进展。不使用任何技术设备的自由潜水比赛的首次世界纪录，是意大利人恩·马约尔卡在1960年创造的，他当时取得的深度是49米，1960~1974年马约尔卡在与美国人鲍勃·克罗弗特和法国人扎克·马约利两位著名潜水运动员的激烈竞争中创造了15次世界纪录。

马约尔卡1931年出生，他从事深潜运动是从1953年开始的，最初只是出于兴趣，后来，他爱上了这一独特的体育运动项目，并从中得到了极大的快慰。进行超深度的自由潜水是极其危险的，但是，马约尔卡被一次又一次的创世界纪录的胜利鼓舞着，在困难面前永不却步。1973 年，他创造了 80 米深度的世界纪录，同年，又突破了 86 米大关，但为此他差点献出了生命，浮出水面后，已经不省人事了，肺部有明显的气压伤，后经极力抢救，他才从持续 5 分钟的昏迷状态中苏醒过来。1987 年 8 月，马约尔卡已经 56 岁了，这位顽强的意大利人用 3 分 10 秒的时间又潜入 90. 5 米深处。马约尔卡的这种冒险精神令许多潜水体育爱好者赞叹不已，许多人纷纷效仿。

自从有了潜水衣后，女性潜水运动便逐渐普及。在这方面，美国的女性尤其具有冒险精神。据 1976 年的统计，在美国从事潜水活动的女运动员、女教师、女科学家和女职业潜水员达 1 万人。

妇女潜水，有的是出于对这项体育活动的热爱；有的是为了猎奇；有的是认为男性可以到水下娱乐，我们女性为何不行；有的则是为了科研目的。不管是为了什么，她们都在潜水活动中享受到了快乐，大海给了她们许多宝贵的启示。

女性潜水也有优越于男性的方面，如女性因为皮下脂肪较厚，在水中热量散发慢，能够较好地保持体温。有人认为，在不远的将来，到水下寻求娱乐的女性将大大超过男性，这是由于女性的好奇心强所决定的。

娱乐潜水，是人类体育活动的高级阶段，就像人类向海洋要资源、要粮食一样，它是人类向海洋要娱乐、要高层次趣味的活动，这项事业将随着人类社会的不断进步而进步。

2. 新兴的水上运动

水上运动要比潜水娱乐简便。但水上运动给人类带来的愉悦、畅快与潜水娱乐可以相提并论，其惊险程度也可与潜水娱乐相媲美。

帆板运动是一个新兴的水上运动项目，运动员站在一块近似船形的板上，双臂操纵通过桅杆、帆杆、万向接头同板体连在一起的一面帆，利用风帆产生的动力，使板体在水面上滑行前进。帆板运动具有帆船、冲浪、滑水运动的特点，能增强臂力、腹背力和腰腿部力量，锻炼身体的平衡能力和灵敏性，并能锻炼意志，培养勇敢精神，是一项非常有益的体育活动。

冲浪运动起源于夏威夷岛，并很快发展到世界各地。其原理是利用海浪的升力，在浪峰上站起，顺着浪峰滑下去，然后在浪谷转体，利用惯性滑上浪腰，周而复始。

要成为出色的冲浪运动员是要经过艰苦磨炼的。冲浪技术动作繁多，仅浪上转体就有 13 种。比赛时，裁判根据运动员所选择的浪和动作的难易，分别按独创性、惊险性、技术动作、艺术连贯性和浪的等级判分。冲浪运动的器材极为简单，只需要一块中间填有泡沫材料的玻璃纤维制成的冲浪板即可。冲浪板要求类似船形，板底有一两个鳍状尾舵。每块冲浪板尾部都有一节绳索，这是用来系运动员的踝关节的，一旦运动员落水，可以很快把冲浪板拉回来，重新开始。

3. 到水下观光

到水下观看海底奇妙的世界，是人类的一大乐事。

1988 年，日本青函海底隧道的两座海底火车站于 3 月 13 日正式通车。

青函隧道全长 53. 86 千米，整个隧道在离海面 100 多米的海底深处，火车仅需运行 56 分钟。

海底隧道建成了，人们从海底穿过，又产生了奇妙的想法：能不能一边乘车一边看海底世界？因为隧道跟在陆地上一样，对海底世界还是一无所见，人们希望乘车过隧道就像过桥一样，很清楚地看到海底世界。

北海道铁道公司投其所好，他们向人们展示了这一计划，他们提出申请，决定实施这一计划。根据这一计划，他们在隧道中设立了两个海底观光车站，一个叫做“吉岗”海底车站，一个叫做“龙飞”火车站。这两个站都在水面以下 140 米深处，往来于青森与函馆之间的快速列车，有部分车次在这两个车站停车，让人们饱览海底世界。

法国的海洋开发委员会也于前不久提出了一项海底旅游设施建设计划，他们准备在马赛海湾内修建一座海底公园，新设计的海底电车安装在海底公园内，让人们乘车看海洋。

海底电车和潜水舱用途极为广泛，特别是在开展旅游娱乐业方面，有着极高的经济效益和娱乐价值。据说，这种海底电车是目前已知民用潜水器中体积最大、性能最好的一种。它主要由4个部分组成，一条修建在海床上的水泥混凝土管道车轨；一辆电动推进滑车；一个用玻璃钢管制成的长圆柱形车厢；一个岸边的漂浮进出口装置。为了便于旅游者观赏，海底电车路线要选择光线好、能见度高的沿岸水域。海底电车要求安全度极高，以保证观赏者的安全。万一出现意外，驾驶员可随时按下电钮，使电车脱离轨道，像潜艇一样浮出水面。

为了让旅游者产生某种遐想，舱内设有小吃和文娱节目，人们可以一边观看舱外景色，一边享受美味佳肴。

这种海底旅游新设施的应用，将使普通人有机会领略海底自然奇观，再也不会“望洋兴叹”了。

还有一种可以较随便地出入海洋的旅游潜艇，它不受轨道的影响，像潜艇一样进入海域。这种旅游潜艇用很厚的透明玻璃做舱底、窗子。人们不用沾水就可以看到周围的海底景观。澳大利亚东北部海滨的大堡礁，就有这种旅游潜艇。大堡礁过去是一座珊瑚岛，20世纪70年代以后，才得到迅猛异常的发展。1979年以后，正式开辟了“大堡礁海洋公园”，使其一跃成为海上乐园。如今，岛上设置了机场、港口，旅游潜艇就是海上乐园的一种旅游新设施。

以上说的这些旅游新设施，规模都不算宏伟壮观，令人们惊叹不已的是美国的迪士尼的“世界第六大洋”。

位于美国佛罗里达州奥兰多市的爱泼考特中心的“活海”，是迪士尼世界的一座新的旅游胜地，迪士尼把它称为“世界第六大洋”。

“世界第六大洋”的设想是基姆·莫菲最先提出来的。1975年，当时还是一位海洋科学咨询顾问的莫菲先生与迪士尼组织第一次打交道。那时，莫菲没有很好地与之合作，他的理想是与海洋打交道，因为他从童年时起就非常热爱海洋。

一次偶然的机会，使这位海洋科学咨询顾问成为受人们欢迎的人物。哥伦比亚影业公司拍摄影片《大洋深处》时，莫菲被制片商特聘为顾问。这位顾问的任务比较复杂，要创造一个不受天气影响的水下摄影环境。莫菲不众望，在百慕大的一个岩石和珊瑚礁形成的小岛上建造了一个巨型水族馆，使《大洋深处》得以顺利完成。

迪士尼乐园的人们给水族馆赋予了“活海”的使命。在乐园等候区内，有一个表现人类探索海洋的陈列馆。之后是小剧院，在这个剧院里可以看一部人类探测海洋最深处奥妙的短片。

迪士尼乐园是目前世界最壮观的海底观光点，其设备和建筑都是极为引人入胜的。当乘坐蓝色的“海中客车”通过巨大的丙烯树脂玻璃窗口时，人们就看到了奇妙无比的珊瑚礁和各类水族。在海洋基地的中央大厅，就会看到一座透明的两层密闭舱，在40秒钟之内，这个密闭舱内就会注满海水，潜水员还可以通过气密舱与游人交谈。中央大厅向外延伸出6个厅，以表现“活海”的各个侧面，进入这个“活海”，就如同到了退潮后的小岛一样，鱼、虾、海星举目可见。

对人类的朋友海豚的训练更令人们赞叹，海豚可以与狗追逐，海豚希望关上灯或喜欢听音乐时，会发出一声声的“语言”，观看海豚表演可以在水上，也可以在水下。“活海”里还有一个餐厅，供给人们的食物全是海产品。

这个乐园是迪士尼组织最引以为荣的，他们对拥有的这个“艺术品”非常自豪，他们把自己的旅游潜艇誉为“潜艇舰队规模在世界位列第八”。

还有一种到水下观光的设备，叫“水下轿车”。美国的彼里海洋公司在20世纪90年代初研究制成了一种小型的水中运行器。当然，这种“水下轿车”与潜艇原理是相同的，只不过它的外形结构像轿车，窗子是厚厚的透明玻璃，有耐压的性能。“水下轿车”呈流线型，长、宽、高与小轿车基本一样，座舱内有动力装置和操纵系统，还备有照明、通信和水下摄影等设备。行驶起来也与陆地上跑的小轿车一样，可缓可快，没有轨道，不受约束。在“轿车”里可以像在陆地乘坐轿车一样，透过窗子观看外面的景色，瑰丽的珊瑚和奇特的水族世界可尽收眼底，乘坐“水下轿车”搞科研、旅游、摄影，被认为是最轻便、最有效、最开心的一件事。

人类到水下观光的设备与人类的要求还差相当大的距离，其普及程度也很有限，既然已经出现了各式各样的设备，就不愁发展了，这类事业将随着科技的发展，逐渐满足人类的要求。

相信人类到水下观光旅游的愿望，会很快实现。

4. 到海洋公园游览

征服凶险的海洋是人类最初的想法，当海洋在人类面前驯服了以后，人类又“异想天开”，希望从海洋中获得娱乐。

陆地上的公园，已使人类感到乏味，海洋公园的新颖和奇妙强烈地刺激着人类，于是，海洋公园最先在较发达的国家和地区出现了。

先是香港出现了海洋公园。一只巨大的、用草坪铺成的海马向人们昭示着公园的性质——海洋公园，这是世界上最具规模的海洋水族馆之一。水族馆有海洋剧场和海洋馆。水族馆里那些“通人性”的海兽向游人们表演着自己的“才能”，一群海豚在水中漫游着，当驯养员一挥手，这群海豚从水中霍然跃起，接着又一次跃起，它们居然能在空中“大回环”，转了360°以后，又整齐地落入水中，动作非常协调、和谐。海豚还能表演芭蕾舞，它们直立起身子，腰部以上露出水面，随着音乐的节奏来回摇摆。海豹向人们表演时，憨态可掬，它们爬上舞台扇动着两个前鳍，“鼓掌”向人们致谢。当驯养员示意它们表演合唱时，一只海豹的脖子上挂上了“吉他”，它不断地划动前鳍，一只海豹站在一架钢琴前，用前鳍扑打着“琴键”，另一只海豹则随着“音乐”在水中翻跃旋转，不时地张开大嘴发出“嗷嗷”的“歌声”，这使得游人大笑不止。

鲸鱼的表演也别具一格，鲸鱼的尾鳍大而有力，它能用尾鳍将它那沉重的身子托起，高高地露出水面。表演时，一位妙龄少女将身子向前探过去，鲸鱼便把头伸过来，用唇吻少女的唇，很是惊险，但鲸鱼很和善，也显出情意绵绵的样子（图20）。

图20 虎鲸表演

在海洋馆里，可以看到海洋的一切，海面上有岛屿，热带芭蕉椰林，蔚蓝色的海洋里，各式各样的鱼，在水中游弋。在这里，海底壮丽的世界也会向游人展现出来，嶙峋的礁石，绿色的海草及各种藻类，红色的珊瑚，白色的海石花，一一收入眼帘。水下游弋的鱼类，有数百斤重的，也有很小的小鱼。

这个海洋公园是香港人建造的，现在成了无数来到香港游客的最佳游玩、娱乐去处。

除了这类固定的海洋公园，近年来又出现了海上活动公园。这种活动公园把人们带到更理想的境地。

海上活动公园出现在20世纪80年代后期，它实际上是一艘巨型旅游船。不过，一般的旅游船是充当不了“海洋公园”的使命的。

目前世界上最豪华、可以称之为“海洋公园”的旅游船是挪威人设计、由法国建造的“海上君主”号。

“海上君主”号属于挪威皇家加勒比旅游船公司所有，1987年2月下水，同年12月交付使用。1988年1月15日，美国前总统卡特的夫人用世界上最大的高达0.9米的香槟酒瓶为这艘船剪彩。这艘被用作“海洋公园”的旅游船是够庞大的，船长268.3米，从龙骨到烟囱全船高度为60.5米，排水量是3.43万吨，可载游客2282名。

为了让游客确有进了公园的感觉，“海上君主”号上设置了多种娱乐场所。餐厅、酒吧、剧场、休息室、图书馆、赌场、迪斯科舞厅、商店、游泳池、运动场等应有尽有，另外还设有观赏厅，观赏厅空间贯通3层甲板，有900个座位，游客可在这里观赏音乐演奏和文艺演出。

在这个海洋公园里，人们还可以看到海上旅游区的壮丽景色，呼吸带有海味的新鲜的海洋空气，这里绝少污染。这对在拥挤的城市生活腻了的人来说，上了这个“公园”，心情自然是非常舒畅的。

自“海上君主”号成了海洋公园以来，许多富有的国家纷纷效法，以吸引国内外游客。近来，又有人提出了建造比“海上君主”号更大、更豪华的“海上公园”。

中国的台湾对发展旅游业很是热心。台湾的“交通部观光局”也计划建造一座海洋公园，不过，这座公园不是活动的。他们计划建在距台北约20千米处的“东北角海岸风景特定区”，在龙洞湾与印澳湾之间约20千米的海岸线上建造水族馆和水上观望台、冲浪运动场等娱乐场所。这项工程的完成，将为人们在海上娱乐提供美好的场所。

日本也不甘落后。这个汽车出口大国，利用旧汽车运输船把海上公园建在濑户内海的岛屿区域，建设以海上钓鱼为中心的海洋娱乐用的浮动结构物，用过剩的汽车运输船建造人工岛礁，他们决心使这一区域建设成为对垂钓者富有魅力的钓鱼公园。

早在1970年，日本就指定了10个地区为海洋公园保护区，它包括和歌县的串本，熊本县的富冈、天草、牛深，鹿儿岛县的樱岛、佐多岬，高知县的足摺岬，爱媛县的宇和海，左贺县的玄海，宫崎县的日南等海岸。这些地区有丰富的珊瑚、热带鱼、海草和多姿的海岸。

最有名气的是日本东京附近的海底封闭式水下公园，该公园采用透明的玻璃屋顶，人们可在室内看到奇妙的海中世界。

日本还在白滨、歌山、冲绳等地的海滨公园建立了海中观光台，观光台离岸100~200米，有栈桥与陆地相通。

加拿大今天的经济大部分依赖海洋，因此，加拿大人对海洋极为爱护，他们保护海洋特殊区域的措施是建立国家海洋公园。

如1987年建造的位于休伦湖佐治亚湾的法汤姆法夫国家海洋公园，面积达130平方千米；位于皇后夏洛特岛南端的南莫尔斯比国家海洋公园，1992年建成；准备新建的海洋公园有圣·劳伦斯河口的萨洛奈、芬迪湾的西伊斯莱斯和北极地区南部的兰开斯特海峡。

加拿大人之所以建这么多海洋公园，目的是为了保护海洋资源，并不全是为了游玩、娱乐。对于加拿大来说，无论是在大西洋沿岸和太平洋沿岸丰富的渔业资源，还是连接内陆的通海航运，以及大陆架下的石油和天然气资源等，都是支撑国民经济的重要支柱。因此，加拿大人希望通过建造海洋公园，给公众提供一个认识海洋、欣赏和享受海洋自然资源的机会。

加拿大人为此还专门制定了《加拿大国家海洋公园政策》，对国家海洋公园的规划、管理、建设、服务等做了详细说明，以期使加拿大永远有一个美好的海洋环境。

美国有14个国家海洋公园和湖岸公园，内设海洋剧场、海洋馆等。人们不仅用来娱乐，还可从中学习和研究海洋科学知识。

荷兰鹿特丹市于1985年8月建成了一座海洋乐园，这是世界上第一座纯中国风格的综合性水上游乐场所，该乐园是用两条驳船连成的一座中国宫殿式的建筑，里面设有中国餐厅，还有按照北京、上海、杭州、桂林等地的名胜古迹制成的实物模型，仿佛使人置身于中国的湖光山色之中。

意大利约建有500个海滨旅游中心，利古亚海东岸的维亚雷焦就是一座有名的巨型海滨游乐和体育运动俱乐部，这里有许多海上体育训练中心，中心配有各种类型的海上游览和体育运动机械，旅游者可在此掌握各种海上体育运动技巧。

俄罗斯的大彼得湾是世界上第一个海洋自然保护区，它包括8个小岛，水域面积共计630平方海里，水域中生长着大约30种海藻和种类繁多的海洋动物，在8个小岛上分布着千姿百态的岩壁、海礁、山洞，并栖息着各类海鸟。

西班牙南部滨海地带的唐那公园是西班牙最大的国家公园，占地7.7万公顷。海滨沼泽地约占唐那公园面积的一半，是欧洲最主要的鸟类栖息地之一，许多冬季移栖的动物也在这里居住。

澳大利亚的“大堡礁海洋公园”在1981年刚划定时只包括1.18万平方米的珊瑚礁、岛屿及水域，目前面积已达3万平方千米，预计不久将会延至澳大利亚东北2000千米的海岸，面积达20万平方千米。大堡礁内约有400种珊瑚礁和150种鱼类，珊瑚礁里有大量的绿海龟和红海龟，在加帕勒角尼亚处约有300万只海鸟。

中国的海洋公园也迅速发展了起来。下面是几个较大规模的海洋世界：

上海海洋水族馆

上海海洋水族馆是一座具国际一流水准的现代化大型海洋水族馆。“通过水的世界跨越五大洲”，这是上海海洋水族馆的展示主题。馆内有28个大型主题生物展示区，分亚洲、南美洲（亚马逊）、澳大利亚、非洲、冷水、极地、海水、大洋深处八大展区。建筑布局形似金字塔，整体建筑由主楼水族馆及辅助楼两栋建筑物组成。

青岛极地海洋世界

青岛极地海洋世界位于青岛东海东路73号，在著名的旅游度假区石老人沙滩之南。馆内拥有白鲸、企鹅、北极熊等十余种两百余只极地动物，还有千余种万余只珍稀海洋生物在馆内展示。

大连圣亚海洋世界

圣亚海洋世界海洋世界拥有“世界第一座海底金字塔”、“世界第一个海底飞碟”、“世界第一座海底城市”及“中国第一座海底工作站”、“中国第一舞鲨场所”和“中国第一梦幻海豚湾超级水秀”。情景式的海洋景观为您开启海底旅程的新航行，穿越史前崇拜鲨鱼图腾的“鲨鱼岩洞”，走进“旅行者号潜水器”、“联合号海底工作站”，可以感受神秘的“海底金字塔”，探访幽蓝的“海底飞碟”，在“舞鲨地带”看群鲨共舞。“失落的海底城市”尽展海底繁华，300多种、10000多尾海洋动物随时在您身边及头顶游弋。明媚的“鲨鱼岛”洋溢着海边童趣，遭遇“大白鲨”让旅程更加惊险刺激。漫步“哈瓦那大道”，感受异国风情。美丽的“梦幻海豚湾”正在上演精彩的“人鱼童话表演”，白鲸、海豚与美人鱼、海盗同台共舞，一场全水景演出，让您恍若梦境。

大连老虎滩极地海洋世界

位于大连老虎滩的海洋极地动物馆是世界上建筑面积最大、

屯水量最多、展示极地动物最全的场馆，已被列入吉尼斯世界纪录大全。

海南省三亚市有一个中国规模最大的潜水旅游度假中心，这个度假中心以小洲岛为基地，以鹿回头湾、大东海、小东海和天涯海角5个附近海域为潜水旅游点。这里海水清澈，海底生长着千姿百态的珊瑚、海贝、海螺、海参，可供潜水者观赏和采捕，白天水温一般在30℃以上，一年四季都可潜水、旅游，现已配备了水上摩托、水上旅游艇、旅游潜艇等，游客乘坐旅游潜艇可以透过玻璃窗欣赏海底的奇妙景色。

随着人类科技的不断进步和人类生活水平的不断提高，海洋公园的前景将是非常广阔的，人们在紧张工作之余，可以到海洋公园去寻找乐趣，消除疲劳和烦恼。

海洋公园也将向人类提醒：海洋是珍贵的，人类有保护它的义务和权利。